과학사 밖으로 뛰쳐나온 **생물학자들**

천재들의 과학노트

캐서린 쿨렌 지음
황신영(이화여자대학교 강사) 옮김

생물학

1

Gbrain
지브레인

천재들의 과학노트 ❶
생물학

ⓒ 캐서린 쿨렌, 2015

개정판 1쇄 발행일 2015년 5월 8일
개정판 3쇄 발행일 2019년 4월 25일

지은이 캐서린 쿨렌 **옮긴이** 황신영
펴낸이 김지영 **펴낸곳** 지브레인^{Gbrain}
편집 김현주 **삽화** 박기종
마케팅 김동준·조명구 **제작·관리** 김동영

출판등록 2001년 7월 3일 제2005-000022호
주소 (04021) 서울시 마포구 월드컵로 7길 88 2층
전화 (02)2648-7224 **팩스** (02)2654-7696

ISBN 978-89-5979-349-5 (04470)
     978-89-5979-357-0 (04080) SET

• 책값은 뒷표지에 있습니다.
• 잘못된 책은 교환해 드립니다.

이 책을 먼 훗날 과학의 개척자들에게 바친다.

추천의 글

우리나라 대학 입시에 수학능력평가제도가 도입된 지도 벌써 10년이 넘었습니다. 그런데 우리나라의 수학능력평가는 제대로 된 방향으로 가고 있을까요?

제가 미국에서 교편을 잡고 있던 시절, 제 수업에는 수학이나 과학과 관련이 없는 전공과목을 공부하는 학생들이 많이 참가했습니다. 학기 첫 주부터 칠판에 수학 공식을 휘갈기면 여기저기에서 한숨 소리가 터져 나왔습니다. 하지만 학기 중반에 이르면 대부분의 학생들이 큰 어려움 없이 미분방정식까지 풀어 가며 강의를 잘 따라왔습니다. 나중에, 어떻게 그 짧은 시간에 수학 공부를 따라올 수 있었느냐고 물으면, 학생들의 대답은 한결같았습니다. 도서관에서 책을 빌려다가 독학을 했다는 것입니다. 이게 바로 수학능력입니다. 미국의 고등학생들은 대학에 진학해서 어떤 학문을 접하더라도 제대로 공부할 수 있는 능력만큼은 갖추고 대학에 진학합니다.

최근에 세상을 떠난 경영학의 세계적인 대가 피터 드러커 박사는 "21세기는 지식의 시대가 될 것이며, 지식의 시대에서는 배움의 끝이 없다"고 말했습니다. 21세기에서 가장 훌륭하게 적응할 수 있는 사람은 어떤 새로운 지식이라도 손쉽게 자기 것으로 만들 수 있고, 어떤 분야의 지식이든 소화할 수 있는 능력을 가진 사람일 것입니다.

이런 점에서 저는 최근 우리나라 대학들이 통합형 논술을 추진하고 있는 것이 매우 바람직한 일이라고 생각합니다. 학생들이 암기해 놓은 지식을 토해 놓는 기술만 습득하도록 하는 것이 아니라 여러 분야의 지식과 사고 체계를 두루 갖춰 어떤 문제든 통합적으로 사고할 수 있도록 하자는 것이 통합형 논술입니다.

앞으로의 학생들이 과학 시대를 살아 갈 것인 만큼 통합형 논술에서 자연과학이 빠질 리 없다는 사실쯤은 쉽게 짐작할 수 있을 것입니다. 그런데 자연과학은 인문학 분야에 비해 준비된 학생과 그렇지 않은 학생의 차이가 확연하게 드러납니다. 입시에서 차이란 결국 이런 부분에서 나는 법입니다. 문과, 이과의 구분에 상관없이 이미 자연과학은 우리 학생들에게 필수적인 과정이 되어 가고 있습니다.

자연과학적 글쓰기가 다른 분야의 글쓰기와 분명하게 다른 또 하나의 차이점은 아마도 내용의 구체성일 것입니다. 구체적인 사례와 구체적인 내용이 결여된 과학적 글쓰기란 상상하기 어렵습니다. 이런 점에서 〈천재들의 과학노트〉 시리즈는 짜임새 있는 기획이 돋보이는 책입니다. 물리학, 화학, 생물학, 지구과학 등 우리에게 익숙한 자연과학 분야는 물론이고 천문 우주학, 대기과학, 해양학과 최근 중요한 분야로 떠오른 '과학 · 기술 · 사회' 분야까지 다양한 내용이 담겨 있습니다. 각 분야마다 10명의 과학자와 과학이론에 대해 기술해 놓았으니 시리즈를 모두 읽고 나면 적어도 80여 가지의 과학 분야에 대한 풍부한 지식을 얻을 수 있는 것입니다.

기본적인 자연과학의 소양을 갖춘 사람이 진정한 교양인으로서 인정받는 시대가 오고 있습니다. 〈천재들의 과학노트〉 시리즈가 새로운 문화시대를 여는 길잡이가 되리라고 확신합니다.

최재천
(이화여대 에코과학부 교수)

과학의 개척자들은 남들이 생각지 못한 아이디어로 새로운 연구를 시작한 사람들이다. 그들은 실패의 위험과 학계의 비난을 무릅쓰고 과학 탐구를 위한 새로운 길을 열었다. 그들의 성장 배경은 다양하다. 어떤 사람은 중학교 이상의 교육을 받은 적이 없었으며, 어떤 사람은 여러 개의 박사 학위를 받기도 했다. 집안이 부유하여 아무런 걱정 없이 연구에 전념할 수 있었던 사람이 있는가 하면, 어떤 이는 너무나 가난해서 영양실조를 앓기도 하고 연구실은커녕 편히 쉴 집조차 없는 어려움을 겪기도 했다. 성격 또한 다양해서, 어떤 사람은 명랑했고, 어떤 사람은 점잖았으며, 어떤 사람은 고집스러웠다. 그러나 그들은 하나같이 지식과 학문을 추구하기 위한 희생을 아끼지 않았고, 과학 연구를 위해 많은 시간을 투자했으며, 자신의 능력을 모두 쏟아 부었다. 자연을 이해하고 싶다는 욕망은 그들이 어려움을 겪을 때 앞으로 나아갈 수 있는 원동력이 되었으며, 그들의 헌신적인 노력으로 인해 과학은 발전할 수 있었다.

　이 시리즈는 생물학, 화학, 지구과학, 해양과학, 물리학, STS(Science, Technology & Society), 우주와 천문학, 기상과 기후 등 여덟 권으로 구성되었다. 각 권에는 그 분야에서 선구적인 업적을 이룬 과학자 열 명의 과학 이론과 삶에 대한 이야기가 담겨 있다. 여기에는 그들의 어린 시절, 어떻게 과학에 뛰어들게 되었는지에 대한 설명, 그리고 그들의 연구와 과학적 발견, 업적을 충분히 이해할 수 있도록 하는 과학에 대한 배경지식 등이 포함되어 있다.

　이 시리즈는 적절한 수준에서 선구적인 과학자들에 대한 사실적인 정보를 제공하기 위해 기획되었다. 이 시리즈를 통해 독자들이 위대한 성취를 이루고자 하는 동기를 얻고, 과학 발전을 이룬 사람들과 연결되어 있다는 유대감을 가지며, 스스로 사회에 긍정적인 영향을 미칠 수 있는 사람이라는 사실을 깨닫게 되기를 바란다.

생물학은 많은 과학자들이 처음으로 접하는 자연과학이다. 일반적으로 생물학은 생명을 다루는 학문을 말한다. 생물학자들은 마치 어린이들처럼 곤충 채집을 즐기거나 집의 정원에서 채소를 재배하는 것을 즐긴다. 그들은 방학숙제하듯 식물표본을 만들 수도 있고 집에서 키우던 개가 강아지를 낳는 것을 호기심을 갖고 지켜볼 수도 있다. 대부분의 중·고등학교에서는 생물을 필수 과목으로 지정하는데 학생들은 학교에서 인체의 주요 장기들에 대해 배우는 동안 먹고 마시고 자식을 낳는 등의 일련의 생명현상을 아주 자연스럽게 받아들인다.

그러나 생물학을 깊이 이해하려면 단지 206개 뼈의 이름들을 외우는 정도의 단편적인 지식만 배우는 데 그쳐서는 안 된다. 모든 유기체는 탄소, 산소, 수소, 질소 등의 원소들로 구성되어 있기 때문에 생물학자는 기본적으로 화학을 이해해야 한다. 게다가 우리 몸이 자라고 움직이는 방식과 관련된 법칙들을 설명해 주는 물리학도 이해해야만 한다. 또한 환경에 대한 이해 역시 필수적이다. 모든 생명체는 그들을 둘러싼 생태계의 일부이기 때문이다.

수백 년 동안 생물학의 주제는 크게 식물학과 **동물학**으로 나누어져 있다가 근대에 들어서서야 다시 생물을 세부적으로 분류하기 위한 기준이 만들어졌다. 먼저 생물의 구조를 살펴보자.

생물의 내부를 들여다보면 소화계, 호흡계, 순환계와 같은 몇 개의 기관계로 구성되어 있으며, 각 기관계는 다시 몇 개의 기관으로 이루어져 있다. 예를 들어 소화계는 식도, 위, 작은창자, 큰창자, 간과 같은 기관으로 구성되어 있다. 이러한 기관은 조직으로 이루어지고, 조직은 다시 세포로, 세포는 분자들로 이루어진다. 이렇게 접근하다 보면 생물의 몸은 화학 원소들의 복잡한 재구성에 불과하다.

이번에는 외부로 눈을 돌려보자. 생물은 생태계의 다양한 구성요소 중 하나로 생식이 가능하고 해부학적으로 비슷하게 생긴 개체들의 모임인 **종**으로 구분할 수 있는데 같은 종들끼리 모여 지리학적 개체군을 형성한다. 이러한 종은 '생태계'의 '**군집**' 안에서 각기 자신의 지위와 역할을 가지고 있다. 이러한 개체군은 육지, 바다, 땅속 등 어느 곳에서나 발견된다. 지표에 존재하는 생태계와 함께 깊은 해저에서부터 땅속, 높은 상공에 이르는 대기권까지 통틀어 생물권이라 한다.

물리학, 화학 같은 다른 분야에서는 생명을 여러 관점으로 보는 반면, 생물학의 모든 분과들은 생명의 근원에 대해 관심을 가진다. 이 때문에 생물학을 제대로 이해하려면 분자생물학 혹은 세포생물학적 기본 지식이 필요하다. 세포는 생물의 기본 구성단위로 독립적으로 생명을 유지할 수 있고 **단백질**, 탄수화물, 지방, 핵산 등의 큰 분자들로 이루어져 있다. 위에서 말한 분자생물학이란 생물 분자의 구조와 기능을 연구하는 학문이고 세포생물학은 세포 수준에서 생물을 연구하는 학문을 뜻한다.

17세기에 영국의 과학자 로버트 혹이 세포를 발견하긴 했지만 모든 생명체가 세포로 이

동물학 동물을 연구하는 학문

종 분류의 가장 기본 단위로 서로 교배하여 생식력이 있는 자손을 낳는 무리를 의미함

군집 연못과 같이 제한된 지역에서 서로 상호작용하면서 살아가는 식물과 동물의 개체군

단백질 20가지 아미노산들이 펩티드 결합으로 연결된 것으로 기능에 영향을 미치는 3차원 구조를 가지고 있으며 세포 내에서 많은 역할을 함

루어져 있을 것이라는 내용의 세포설은 1839년 테오도르 슈반이 처음 제시한 것으로, 테오도르가 매티스 슐라이덴의 세포 연구와 자신의 연구를 기반으로 주장한 이론이었다. 오늘날의 모든 세포생물학자들은 세포가 생명의 기본 단위임을 인식하고 이를 바탕으로 세포막 안팎의 물질교환이나 세포분열의 조절과정 등을 탐구한다. 이에 비해 분자생물학은 20세기 중반에 이르러서야 분석 기술이 발전하여 단백질과 핵산의 분자구조를 밝혀낼 수 있게 됨으로써 연구가 시작되었기 때문에 비교적 최신의 학문이다. 분자생물학자들은 특정 신호수용체와 호르몬에 의한 현상이나 발암물질로 인한 DNA 변이과정 등을 연구한다.

생물학은 연구 대상이 되는 생물의 종류에 따라서도 여러 분야로 나눌수 있다. 원생생물을 연구하는 학과, 양서류와 파충류를 연구하는 학과, 균류를 연구하는 학과 등도 있다. 이러한 학과 안에 또 세부학과가 존재한다. 생리학자 같은 경우, 유기체의 각 부분들이 어떻게 협동하여 기체의 교환, 질소 노폐물의 배출, 영양분 흡수 등의 기능을 하는지를 연구한다. 예를 들면 그들은 물고기의 아가미와 신장이 어떻게 삼투압에 의한 수분 손실을 완화시키는지에 관심이 있다. 해부학자의 경우 생물의 구조를 연구하면서 어떠한 척추동물이 몇 개의 심실과 심방을 가지고 있는지를 연구할 것이다. 발생학자들은 식물 혹은 동물의 초기 발생 단계에만 관심을 가진다.

'생태학'은 생물과 무기물을 포함하는 환경 사이의 관계를 연구한다. 환경이 우리의 삶의 터전에 미치는 영향을 인식하면서부터 생태학은 20세기에 가장 활발히 연구되는 학문이기도 하다. 생태학자 중에서도 집단생태학자는 같은 시간, 같은 장소에서 함께 살아가는 다양한 종들의 상호작용을 연구한다. 이를테면 제한된 음식자원을 가지고 경쟁하며 어떻게 개체수를 조절하는지가 주요 관심사이다. 생물군의 수준에서 생태학자는 일정 지리적 경계 내의 모든 종의 개체 수에 관심을 갖는다. 예를 들면 산불로 타버린 숲에서 어떤 풀이나 꽃이 가장 먼저 자라기 시작하는지 관찰한다. 반면에 생태계를 연구하는 생태학자는 생태계 자체를 연구한다. 물리적인 환경과 개체들이 어떻게 생태계를 구성하는지가 그들의 관심사이다. 호수에 사는 물풀의 경우, 평소보다 물풀의 양이 많아지면 물에 녹아 있는 산소량이 적어지고 이는 또 호수에 살고 있는 물고기 등에게 영향을 미친다. 이러한 물풀 양의 변화를 통해 전체 생태계를 연구할 수도 있다.

이처럼 분류체계에 따라 나눌 수 있는 분야가 있는 반면에 어떤 분야는 여러 수준의 분류체계를 망라하는 경우도 있다. **유전학**을 연구할 때 분자 수준의 **유전자** 연구도 가능하겠지만 개체군 전체의 양상을 살펴보는 방법도 가능하다. 어느 지역에서 파란색 꽃보다 흰색 꽃이 더 흔하다는 사실을 분자 수준에서는 꽃 색깔의 유전적 변이에 대한 연구로, 개체 수준에서는 한 섬 안에서 자라는 꽃의 수를 조사해 봄으로써 알아낼 수 있다. 마찬가지로 진화학자는 세포 내의 소기관이 어디에서 유래했는지 그 기원을 연구할 수도 있고, 서로 다른 두 종이 같은 조상에서 어떻게 두 종류로 나뉘게 되었는지 형태적인 특징이나 발생 단계에서의 차이를 알아볼 수 있다. 어떤 생물학자가 감자 뿌리에 공생하는 뿌리혹 박테리아의 질소 고정 방법에 대해 연구했다면 그는 감자를 연구한 식물학자이자, 뿌리혹 박테리아를 연구한 미생물학자이고, 질소 고정을 연구한 생화학자이기도 하면서, 심지어는 뿌리혹박테리아가 생태계에 어떤 영향을 미치는지 알아보는 생태학자이기도 하다.

이러한 다양한 접근법에도 불구하고 생물

DNA 두 개의 이중나선으로 된 분자 구조로 생물의 유전 정보를 가지고 있음

유전학 번식을 통해 자손에게 어버이의 특성이 나타나는 것을 연구하는 학문

유전자 유전 정보를 담고 있는 기본 단위

학자는 항상 똑같은 결론에 도달한다. 결국엔 구조가 기능을 결정한다는 점이다. 세포보다 작은 수준에서 엽록체 안의 틸라코이드는 겹겹이 쌓인 구조로 표면적을 넓혀서 광합성 작용을 촉진한다. 생물 수준에서는 상어가 유선형의 형태로 물의 저항을 줄여 적은 에너지를 이용하여 헤엄치는 예를 들 수 있다. 진화론도 이러한 주제에 해당한다. 진화론적 관점에서 모든 생물은 서로 친척 관계이다. 사람이 점균류나 해삼과 같은 조상으로부터 진화했다는 주장은 많은 사람들에게 거부감을 일으킨다. 그러나 사실 모든 유기체는 같은 유전 암호를 공유하고 있다. 모든 생물들의 DNA를 구성하는 뉴클레오티드 세 개가 일정한 아미노산의 합성을 지정한다.

이 책은 근대 생물학의 발전에 서로 다른 방식으로 기여한 10인의 이야기를 담고 있다. 이 특별한 과학자들은 연구 중에 만난 여러 가지 난관을 극복함으로써 학문에 새로운 지평을 열었다.

해부학 생물의 구조를 연구하는 학문

혈액 동맥, 정맥, 모세혈관을 통해 흐르며 영양분을 조직에 운반하고 조직에서 나온 노폐물을 운반함

심장 수축과 팽창 과정을 반복하여 혈액을 온몸으로 운반하는 근육성의 기관

미생물 너무 작아서 눈으로는 보이지 않는 생물

이명법 속명과 종명을 사용해 생물의 이름을 짓는 방법

박물학자 자연을 연구하는 과학자

윌리엄 하비는 1400년간이나 지속된 **해부학**의 권위를 부정하고 **혈액**이 근육질인 **심장**의 운동에 의해 온몸을 순환한다는 것을 증명한 17세기 영국인 의사였다. 네덜란드의 직물 상인인 안토니 반 레벤후크는 과학적인 연구 방법에 대해 배우지는 않았지만, 자신이 만든 현미경으로 관찰한 **미생물**에 관해 당대의 가장 유명한 과학자들과 의견을 교환했다. 수많은 생물의 분류체계를 세우고 **이명법**을 만들어 **박물학자**들 사이에 원활한 의견교환이 이루어질 수 있도록 한 사람은 스웨덴의 식물학자인 칼 린

네였다. 가장 유명한 진화론자이자 박물학자이기도 한 영국의 찰스 다윈은 **자연 선택**에 의한 종의 진화라는 가장 논쟁적인 이론을 주장했다. 1800년대의 오스트레일리아 수도승인 그레고어 멘델은 수천 그루의 완두를 재배하고 자신이 관찰한 완두의 특징을 기록하고 수학적인 통계방법을 사용하여 유전의 신비를 풀었다. 또 다른 유전학자인 미국 사람 토머스 헌트 모건은 성 연관 유전 법칙을 발견하고 유전자의 본성을 밝혔다. 연구를 할 수 있는 연구기관, 기금, 실험장비 등이 부족했음에도 **곤충학자**이자 동물 **행동학**자인 찰스 헨리 터너는 곤충도 들을 수 있고 학습할 수 있다는 것을 증명해냈다. 스코틀랜드의 세균학자인 알렉산더 플레밍 경은 우연히 푸른 **곰팡이**에서 세균을 죽일 수 있는 기적의 화학물질을 발견했다. 이탈리아 학자인 리타 레비-몬탈치니는 보잘것없는 도구와 장비를 가지고 병아리 배아의 분화에 관한 비밀 연구를 진행함으로써 최초로 신경성장인자를 발견하고 세포생물학과 의학 분야에 혁명을 일으켰다. 제임스 왓슨은 미국인 박사 후 연구원일 때 DNA 이중나선 구조를 발견했다. 그들이 생물학의 다양한 분야에 기여한 공로를 보건대 '과학의 개척자'들이라고 부르는 데 전혀 손색이 없다.

자연 선택 다윈에 의해 제안된 진화를 일으키는 기작. 종은 생식을 통해 자신의 유전자를 자손에게 남기는데 환경이 변할 경우 환경에 적응할 수 있는 유전자를 가진 개체는 살아남고 그렇지 않은 개체는 멸종되어 오랜 시간이 지나 종이 변하게 됨

곤충학자 곤충을 연구하는 과학자

행동학 동물의 행동을 연구하고 비교하는 학문

곰팡이 빵이나 파일에서 자라는 균류의 일종으로 페니실린은 푸른곰팡이에서 얻은 최초의 항생제임

차례

혈액의 온몸 순환운동을
밝혀내어 생리학의
혁명을 가져오다.

Chapter 1

근대 생리학의 아버지,

윌리엄 하비

William Harvey
(1578~1657)

인체의 혈액순환에 관하여

　　400년 전의 의사들은 사람의 몸에서 어떤 일이 일어나는지 잘 몰랐다. 당시 의사들은 고대 그리스의 히포크라테스가 주장한 대로 인간의 건강이 체액혈액, 황담즙, 흑담즙, 점액이라는 네 가지 액체의 균형에 의해 유지된다고 생각했다. 따라서 체액의 균형이 깨지면 병에 걸리는 것으로 판단했다. 의사들은 환자들을 진료할 때 네 가지 체액 중 어떤 것이 비정상적으로 많은지를 파악해, 그 체액을 뽑아내는 시술을 하였지만 오히려 의사의 치료 후 환자들이 더 악화되는 경우가 비일비재했다. 사실 병을 치료하려면 인체의 내부 구조가 어떻게 생겼는지부터 먼저 알아야 하는 것이 당연했지만 당시 17세기까지 '해부학'적 지식을 얻기 위해 시체를 '해부'하는 일은 신성모독이라는 이유로 금지되어 있었다. 그러니 병을 진단하고 치료하는 당시 의사들은 고대 그리스의 의사인 갈렌(129~200)이 남긴 해부 이론을 따를 수밖에 없었다. 갈렌은 인체 해부의 권위자로 알려져 있었고 1400년 간이나 그의 이론은 아무런 의심 없이 받아들여졌다. 하지만 갈렌은 원숭이를 해부하여 관찰한 결과를 바탕으로 인체 해부학을 만들었기 때문에 사람에게 적용하는 데에는 한계가 있었다. 또한 갈렌은 혈액이 한 방향으로 흐른다고 주장했으나 윌리엄 하비는 혈액이 '심장'에 의해 분출되어 온몸을 돈다는 것을 밝혀, 혈액과 심장에 관한 기존 갈렌의 이론이 잘못되었음을 증명했다.

시골 소년에서 런던의 의사가 되기까지

윌리엄 하비는 1578년 4월 1일 영국 포크스톤의 작은 해안 마을에서 태어났다. 그는 소지주였던 토머스 하비와 조안 할케 사이에서 태어난 9명의 자녀 중 첫째였다. 하비의 어린 시절에 대해서는 잘 알려져 있지 않으며 아버지의 농장 일을 도우면서 생물의 몸이 어떻게 구성되고 움직이는지에 흥미를 가지게 된 것으로 생각된다. 그는 어머니의 부엌에서 작은 동물들을 해부하고 그 결과를 자세히 기록했다. 하비는 열 살 되던 해에 캔터베리의 왕립학교에 입학했으며 그 후 캠브리지 대학에 들어가 장학금을 받으며 예술과 의학을 공부하고 1597년에 졸업했다.

하비는 1602년에 의학 분야에서 명성이 높았던 이탈리아의 파두아 대학에서 의학 박사학위를 받았다. 하비가 파두아 대학에서 배웠던 해부학의 대부분은 아리스토텔레스와 갈렌의 이론에서 비롯한 것이었다. 갈렌은 해부학 분야에서 많은 책을 남겼다. 그가 살았던 당시에는 인체 해부가 금지되어 있었던 탓에 갈렌이 쓴 책의 대부분은 동물을 관찰한 것에 근거하고 있었다. 갈렌은 자신의 책에서 생물이 생명을 유지하는 이유는 신이 정한 특별한 목적 때문이라고 주장했다. 이러한 논리는 기독교의 교리와 잘 맞아떨어졌던 까닭에 약 1400년간이나 의학 분야의 권위 있는 이론으로 인정받았으며 갈렌의 이론을 배운 의사들 중 감히 그의 이론에 의문을 표하는 사람들은 없었다.

의학 박사학위를 딴 후 런던으로 돌아와 개인 병원을 연 하비는 곧 프랜시스 베이컨, 제임스 1세, 찰스 1세 등 당대의 유명 인사들을 환자로 받아 명의로 유명해졌다. 또한 1604년, 제임스 1세 주치의의 딸인 엘리자베스 브라운과 결혼해 행복하게 살았지만 슬하에 자식은 없었다. 하비는 1607년에 왕립의사학회의 회원이 되었고 2년 후에는 빈민 치료 병원인 성 바솔로뮤 병원의 의사가 되었다. 또한 1615년에서 1656년까지 왕립의사학회에서 해부학과 외과학 강연을 하였다. 1618년에는 장인을 대신해 왕의 시의가 되었고 1625년 찰스 1세가 왕위에 오른 뒤에는 찰스 1세의 왕실 내과의사로, 왕과 가까운 사이가 되었다.

갈렌의 권위에 의문을 가지다

하비가 현대 해부학에 얼마나 큰 기여를 했는지 알려면 인체의 '순환계'를 이해할 필요가 있다. 고대 그리스의 철학자인 아리스토텔레스는 혈액은 간에서 만들어져 정맥에 의해 온몸으로 운반되며 마침내 뇌에서 혈액이 식는다고 주장했다. 그는 심장이 몸의 중심 기관이고 여기서 감정과 지성을 조절한다고 믿었다. 갈렌은 아리스 토텔레스의 이론에서 더 나아가 사람의 몸이 세 부분으로 나누어진 다고 주장했다. 첫 번째 기관은 간으로, 간에는 위 속에 들어 있는 음식에 의해 짙은 색의 혈액이 만들어지며 '자연정기'가 있어서 **정맥**을 통해 몸의 각 기관에 흡수된다고 설명했다. 두 번째 기관은 심장으로, 심장은 영혼이 깃들어 있는 곳으로 생각했다. 심장에는 '생명정기'가 있어서 허파에서 나온 공기와 혈액을 섞어주며 **동맥**을 통해 붉은 혈액이 운반된다. 뇌에는 '동물정기'가 있어서 긴 신경관을 통해 온몸에 감각과 운동 능력을 전달해 준다고 생각했다. 갈렌은 심장의 '**격막**'에 있는 작은 구멍을 통해 혈액

정맥 조직에서 나온 혈액을 심장으로 운반하는 혈관

동맥 심장에서 온몸을 향해 보내는 혈액을 운반하는 혈관

격막 심장의 심실을 분리하는 벽 모양의 구조물

이 오른쪽에서 왼쪽으로 운반되며 파도의 움직임처럼 한쪽 방향에서 반대 방향으로 흐른다고 주장했다. 갈렌의 이론은 교회의 교리와 잘 들어맞았기 때문에 몇 세기 동안 별다른 논의 없이 계속 받아들여졌다.

갈렌의 이론에 처음으로 의문을 가진 사람은 플랑드르의 해부학자이자 의사인 베살리우스였다. 16세기 초, 파두아 대학의 교수였던 그는 갈렌의 인체 해부학에 관한 관찰 기록들이 원숭이와 영장류를 대상으로 쓴 것이라는 점에 주목했다. 당시 수업 시간에 하던 해부 일은 주로 신분이 낮은 이발사가 떠맡아 했고 교수는 해부하는

모습을 지켜보면서 학생들에게 해부학 강의를 하는 것이 일반적이었다. 그러나 베살리우스는 직접 사람의 사체를 해부하고 관찰함으로써 정확한 인체 구조를 설명한 인체 해부학 책을 출간했다. 베살리우스는 직접 관찰한 증거를 근거로 당시까지 의학의 교과서로 사용되던 갈렌의 책의 오류를 밝힐 수 있었다.

그러나 베살리우스의 관찰도 충분한 것은 아니었다. 혈액이 어떻게 해서 심장의 우심실에서 좌심실로 이동하는지, 또 어떻게 정맥에서 동맥으로 운반되는지에 관해서는 밝히지 못했던 것이다. 책의 정확성에도 불구하고 베살리우스의 이론이 너무 파격적이었던 까닭에 파두아 대학의 의학 교수들은 여전히 갈렌의 이론에 따라 학생들을 가르쳤지만 베살리우스 이후 여러 학자들에 의해 인체의 구조가 조금씩 밝혀지기 시작했다.

1559년 베살리우스의 제자인 리날도 콜롬보는 《해부학에 관하여》에서 혈액이 심장의 격막에 있는 구멍을 통해 운반되는 것이 아니며 오른쪽 심장에서 허파로 운반된다고 주장하였다. 하비의 스승인 파브리키우스는 1603년에 정맥에서 입술 모양처럼 생긴 부분을 발견하고 '판막'이라는 이름을 붙였다. 판막은 심장이나 혈관에서 혈액이 거꾸로 흐르는 것을 막아준다.

판막 심장이나 혈관 속에서 피가 거꾸로 흐르는 것을 막는 막

하비는 환자들을 진료하면서 대학에서 자신이 배운 것과 직접 관찰한 사실들이 일치하지 않는 것에 매우 당혹스러웠다. 그가 남긴 강의노트의 내용으로 미루어 보건대, 하비는 1616년 이전부터 심

장과 혈액에 관한 자신의 견해를 기록해왔음을 알 수 있다. 하비가 1628년에《동물의 심장과 혈액의 운동에 관한 해부학적 연구》라는 제목의 68쪽짜리 책을 펴낸 이후 갈렌의 이론은 좀더 비판적으로 검토되었고, 몇십 년 후 하비의 이론은 널리 인정받게 되었다.

혈액순환

하비의 이론 중 가장 중요한 핵심은 혈액이 몸 안에서 순환한다는 것이다. 즉, 혈액이 정맥, 심장, 동맥을 계속 돌고 돈다는 것으로 이러한 흐름을 '순환계'라고 명명했다. 하비는 혈액은 정신과 불가사의한 힘에 의해 움직인다는 기존의 이론을 뒤집고, 심장은 근육으로 구성되어 있으며 기계적인 수축과 팽창에 의해 운반한다는 것을 증명했다. 그는 심장의 작용을 외과 수술용 장갑에 비유해 설명했다. 장갑에 공기를 불어넣으면 장갑은 커진다. 이와 마찬가지로 혈액이 동맥으로 분출되면 일시적으로 불룩해진다. 이러한 작용을 통해 혈액이 온몸을 돌며 정맥은 되돌아온 혈액을 심장으로 전달한다. 이때 정맥에서 혈액이 거꾸로 흐르는 것은 판막이 막아준다. 판막은 정맥 이외에 심장의 심방과 심실 사이에서도 발견된다. 예를 들어 방실판막은 심실이 수축할 때 혈액이 심방으로 거꾸로 흐르는 것을 막아준다.

오늘날에는 혈액순환 경로가 잘 알려져 있다. 혈액은 대정맥을 통해 심장의 우심방으로 들어가 우심방과 우심실 사이의 방실판막을

포유류의 심장

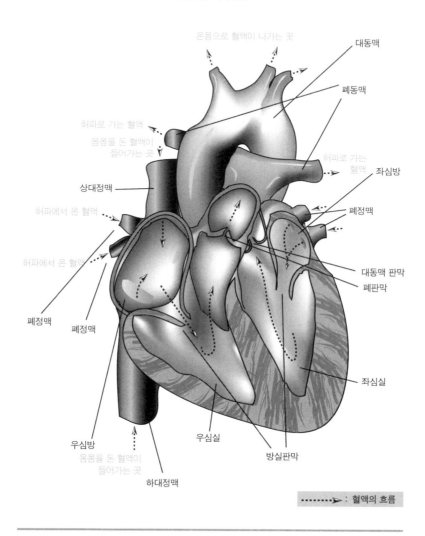

온몸으로 혈액이 나가는 곳

대동맥

폐동맥

허파로 가는 혈액

온몸을 돈 혈액이
들어가는 곳

허파로 가는
혈액

좌심방

상대정맥

허파에서 온 혈액

폐정맥

대동맥 판막

허파에서 온 혈액

폐판막

폐정맥

폐정맥

좌심실

우심방

온몸을 돈 혈액이
들어가는 곳

우심실

방실판막

하대정맥

┄┄┄┄▶ : 혈액의 흐름

혈액은 대정맥, 우심방, 우심실, 폐동맥, 허파, 폐정맥, 좌심방, 좌심실, 대동맥, 동맥, 조직(모
세혈관), 정맥을 통해 순환한다.

통과한다. 그리고 우심실에서 '폐동맥'을 지나 허파로 간다. 허파에서 산소가 공급된 혈액은 폐정맥을 통해 심장의 좌심방으로 들어오고 좌심방과 좌심실 사이의 방실판막을 통과해 좌심실로 이동한다. 좌심실이 수축하면 혈액을 대동맥으로 보내며 산소가 가득한 동맥혈액은 온몸을 순환하게 된다. 조직에는 동맥과 정맥을 이어주는 **모세혈관**'이 분포해 혈액은 모세혈관을 지나는 동안 조직에

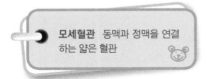

모세혈관 동맥과 정맥을 연결하는 얇은 혈관

산소를 공급하고 이산화탄소를 받아들이며 산소가 부족한 정맥 혈액은 다시 대정맥을 통해 심장으로 돌아온다.

하비는 살아 있는 많은 동물을 '생체해부'하여 자신의 이론을 지지하는 증거를 얻었다. 그는 생물학에다 수량적인 계산을 도입해 혈액의 양을 측정함으로써 생물학을 더욱 정밀한 과학으로 만드는 데 이바지했다. 그는 심장이 한 번 수축할 때 나오는 혈액의 양을 측정해 심장에서 나가는 혈류량이 한 시간에 체중의 세 배가 됨을 알아냈다. 따라서 간에서 만들어내는 혈액의 양으로는 온몸에 전달하기가 충분하지 않기 때문에 같은 혈액이 동맥과 정맥을 통해 끊임없이 순환하는 것으로 생각했다.

이전의 학자들이 갈렌의 이론에 근거해 혈액이 직선운동을 한다고 굳게 믿고 있었던 데 반해, 하비는 원운동을 한다고 주장함으로써 생물학 분야에 일대 혁명을 일으켰다. 하비는 여러 종류의 실험을 통해 그의 주장을 입증했다. 예를 들어 살아 있는 뱀의 대정맥을 묶었더니 혈액이 점차 빠져나가고 동맥을 묶었더니 다시 혈액이 차

는 것을 관찰했다. 또 사람의 위쪽 팔을 끈으로 묶었을 때 동맥의 피가 흐르지 못해서 팔이 창백해지고 혈관이 부풀어 오르고, 다시 끈을 풀었을 때 동맥의 피가 팔 아래로 흐르는 것을 발견했다. 이런 사실들은 혈액이 동맥과 정맥을 통해 온몸으로 순환한다는 것을 증명해 주는 결과였다. 이외에도 그는 해부를 통해 심장과 정맥에 있는 판막의 구조를 자세히 관찰하였다. 그러나 하비는 혈액이 왜 순환하

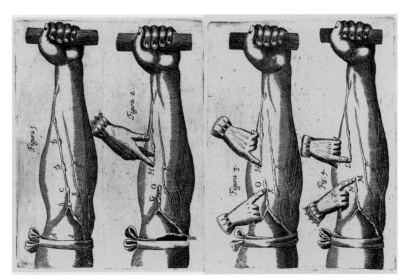

혈액이 심장에서부터 한쪽 방향으로 흐른다는 것을 증명하기 위해 하비는 위쪽 팔을 묶은 다음 아래쪽 팔의 혈관을 여기저기 눌러보았다.

는지는 설명하지 못했다.

오늘날 생리학자들은 혈액순환을 통해 조직세포에 필요한 물질이 운반된다는 것을 알고 있다. 물질대사에 필요한 산소는 폐순환을 통해 허파에서 공급되어 온몸으로 운반된다. 조직세포에서 물질대사의 결과로 만들어진 이산화탄소는 정맥을 통해 허파로 운반된다. 또한 혈액은 호르몬, 포도당, 아미노산을 조직세포에 전달한다. 또 하비는 동맥과 정맥을 연결하는 모세혈관도 관찰하지 못했다. 따라서 혈액 순환설을 반대하는 학자들은 동맥과 정맥이 어떻게 연결되어 있는지를 설명하지 못하는 하비의 이론을 거세게 비판했고 하비는 조롱의 대상이 되었다.

동맥과 정맥을 연결하는 모세혈관은 몇십 년 후, 이탈리아의 의사인 마르셀로 말피기가 현미경을 통해 관찰함으로써 발견되었다.

한편 왕의 신성한 권위를 믿었던 찰스 1세는 1629년 의회를 폐지했고 이는 왕과 의회의 대립을 낳는 계기가 되었다. 그러나 정치적 불안정과는 관계없이 왕의 신임이 두터웠던 하비는 1639년 왕의 주치의로 승진했다. 왕은 하비의 연구를 위해 왕실 정원의 사슴을 해부할 수 있도록 배려해 주었다. 또한 하비를 옥스퍼드 대학 머튼 칼리지의 학장으로 임명했다. 그러나 왕과 의회 사이의 정치 불화로 인해 1642년 왕당파와 의회파 사이에 내전이 일어나면서 의회파들은 왕의 궁전을 약탈할 때 몇 년 동안 모은 하비의 연구 자료들도 모두 파괴했다. 1646년에 왕은 의회에 항복했고 1649년에 처형되었다.

왕의 몰락과 함께 하비 역시 크고 작은 고초를 겪었다. 1649년경 하비는 대중에게 공공연히 비판을 받았는데, 특히 프랑스의 의사인 존 리올란은 그의 저서인 《운동에 관하여》에서 하비의 혈액 순환설을 비판했다. 하비는 자신의 이론이 옳다는 것을 증명하기 위해 여러 가지 증거자료를 제시했으나 반대자들을 설득하는 데 상당한 어려움을 겪었다. 그러나 이후 후배 의사들에 의해 혈액 순환설을 지지하는 다양한 증거들이 나오면서 비판은 점차 수그러들었다.

생식과 발생학

혈액순환의 원리를 발견한 것 이외에도 하비는 동물의 생식에 관심을 가져 머튼 칼리지에 있는 동안 암탉의 알을 연구하여 1651년에 《동물의 생식에 관하여》를 출간했다. 다행히도 이 책은 《운동에 관하여》만큼 논쟁의 대상이 되지 않았고 하비는 매일매일 동물의 배 발생을 정확하게 관찰하고 기록한 것으로 명성을 얻었다.

하비는 생물이 어떤 식으로 수정란에서 한 개체로 자라는지에 큰 관심을 가졌다. 생물이 어떻게 발생하게 되는지에 관해서는 이론이 분분했다. 그중 '전성설'은 완전한 축소판의 작은 생물이 이미 알 속에 들어 있다는 이론으로, 탄생시 암컷은 이미 완전한 존재가 들어 있는 알을 가지고 있다는 내용이었다. 이 이론은 교회의 지지를 받았다. 또 다른 의사들은 혈액과 섞인 정액이 생물의 수정란이 된다고 믿었다. 하비는 자신의 책에서 포유류를 포함한 모든 동물은 알에서 생긴다는 주장을 하였다. 모든 동물이 알에서 생긴다는 그의 믿음은 잘못된 것이었지만 동물의 생식은 **정자**와 **난자**가 만나서 이루어진다는 것과 전성설이 틀렸음을 증명했다는 데에 의의가 있다.

근대 생리학의 아버지

윌리엄 하비는 수년 동안 왕립의사학회의 회원이었다. 그러나 왕실 의사로 일하는 동안 너무 바빠서 환자를 볼 수 없었던 그는 대신, 도서관을 짓고 사서의 월급을 주는 데 필요한 돈을 학회에 기부했다. 그는 1654년 학회 회장에 추대되었지만 고령의 나이를 이유로 거절했다. 하비는 1657년 6월 3일, 런던의 로햄프턴에서 뇌졸중으로 죽었고 에식스의 헴스테드 교회의 가족 납골묘에 묻혔다.

하비의 혈액순환에 관한 발견은 의학 분야에 큰 진보를 가져왔다. 그의 주의 깊은 관찰법과 발견에 기초한 삽화들은 현대 생리학의 발전에 있어 혁명적인 접근법이었다. 하비 이전의 의사들은 인체 기능을 이해하기 위해 고대 그리스 철학자의 이론에만 의지했고, 의사들이 굳게 신봉한 갈렌의 저서는 짐작이나 빈약한 자료에 근거해 썼기 때문에 수세기 동안 의학 분야의 진보를 막고 있었다. 그런데 하비는 책에 의존하기보다는 직접적인 관찰이 더 중요함을 증명했다. 조용하고 겸손한 성격이었던 그가 천 년에 걸쳐 내려온 갈렌의 전통에 대항하려면 용기가 필요했다. 그러나 그의 꼼꼼한 연구 방법은 이런 그에게 갈렌의 권위에 도전할 수 있는 확신을 주었다. 실제로 관찰한 것만을 과학적 사실로 받아들여야 한다고 생각했던 그는 의학의 진보를 오랫동안 막아왔던 장애물을 없앨 수 있었다. 이와 같은 이유로 그는 '근대 생리학의 아버지'로 불린다.

모세혈관을 발견한 말피기

이탈리아의 의사이자 해부학자인 마르셀로 말피기1628~1694는 현미경 수준으로 해부학을 연구한 최초의 과학자였다. 생물학 분야에서 많은 발견을 이룬 업적을 기려 인체의 말피기소체, 피부의 말피기층, 곤충의 말피기관 등에 그의 이름을 따 붙였다. '조직학'의 아버지로 불리는 말피기는 척수, 뇌, 신장, 비장, 피부, 혀의 조직을 세밀히 조사하고 기록했다. 또한 곤충의 애벌레와 동물의 배 발생과정을 자세히 연구함으로써 발생생물학 분야에 실질적인 기여를 하기도 했다.

조직학 현미경 수준에서 조직의 구조를 연구하는 학문

애벌레 곤충이나 다른 벌레에서 성체가 되기 전에 나타나는 단계

하비가 사망한 지 4년 후, 말피기는 하비가 1628년에 주장한 혈액 순환론을 지지하는 실질적인 증거를 발견했다. 하비는 그의 이론 때문에 생전에 동료 학자들로부터 많은 조롱을 받았지만 말피기가 모세혈관을 발견함으로써 하비가 옳았음이 증명되었다. 말피기는 1661년 현미경으로 개구리의 허파 조직을 관찰하다가 허파의 바깥 부분에 퍼져 있는 붉은색의 얇은 관들을 발견했다. 이는 혈액이 혈관 밖으로 빠져나가는 것이 아니라 혈관 내에 남아 있음을 증명하는 것이었다. 그는 모세혈관이 동맥과 정맥을 이어줌으로써 혈액이 온몸을 순환한다고 주장했다. 또한 적혈구를 발견함으로써 혈액을 붉게 보이게 하는 것이 적혈구임을 증명하기도 하였다.

순환계는 심장에서 혈관으로 펌프질된 혈액이 운반되는 닫힌 계^係로 구성되어 있다. 동맥은 심장으로부터 혈액을 받고 정맥은 심장으로 혈액을 되돌려 보

낸다. 대동맥은 소동맥으로 나뉘고 동맥과 정맥을 연결하는 모세혈관과 연결된다. 모세혈관은 굉장히 얇아서 혈관벽을 통해 가스와 다른 분자들을 쉽게 내보낼 수 있다. 산소와 양분은 조직세포로 운반되고 물질대사 결과 만들어진 이산화탄소는 모세혈관으로 들어가 소정맥으로 운반된다. 소정맥은 정맥과 연결된다. 산소는 혈액이 붉은색을 띠게 해주므로 산소가 풍부한 동맥혈은 붉게 보이고 모세혈관은 산소를 조직세포에 보내주기 때문에 정맥은 붉은색을 잃어버리고 푸른색을 띤다.

연 대 기

1578	4월 1일, 영국의 포크스톤에서 출생
1593	캠브리지 대학에 입학
1597	캠브리지 대학 졸업
1600	이탈리아의 파두아 대학에 입학
1602	파두아 대학에서 의학 박사학위를 받음
1604	런던에서 병원을 개업
1607	왕립의사학회의 회원이 됨
1609	런던의 성 바솔로뮤 병원에 근무
1615~43	성 바솔로뮤 병원의 교수가 됨
1616~56	왕립의사학회에서 외과학 강연을 함
1618	제임스 1세의 시의가 됨
1625	찰스 1세의 왕실 내과의사가 됨

1628	혈액이 온몸을 순환한다는 내용이 요약된《동물의 심장과 혈액의 운동에 관한 해부학적 연구》를 출간
1630	찰스 1세의 개인 의사가 됨
1639	찰스 1세의 주치의가 됨
1642	논문과 기록들이 시민혁명 중에 파괴됨
1645	옥스퍼드 머튼 칼리지의 학장이 된 뒤 닭의 발생 연구를 시작
1648	공개적으로 비판 받음
1651	《동물발생론》 출간
1657	6월 3일 런던의 로햄프턴에서 뇌졸중으로 사망

"
현미경 관찰로
미생물을 발견해
미생물학의 길을 열다.
"

Chapter 2

원생동물학과 세균학의 아버지,

안토니 반 레벤후크

Antoni van Leeuwenhoek
(1632~1723)

미생물의 발견

인간은 거대한 우주와 비교하면 굉장히 작고 보잘것없어 보인다. 그러나 지구상에는 60억 이상의 인구가 살아가고 있다. 60억 이상이라고 하면 상상하기조차 어렵지만 실험실의 세균배양기에서 하루 동안 둔 묽은 수프 안의 박테리아 수와 비교하면 지구상 60억 인구는 턱없이 적어 보인다. 물한 방울의 부피는 매우 작지만 그 속에는 눈에 보이지 않는 수백만의 미생물이 들어 있다. 태양계는 우리가 상상할 수 없을 정도로 크지만 전체 우주와 비교하면 핀의 끝처럼 미미해 보일 것이다. 이처럼 모든 크기는 상대적이다.

미생물은 17세기에 네덜란드의 직물 상인인 안토니 반 레벤후크에 의해 처음으로 발견되었다. 레벤후크는 미생물을 발견한 공로로 인해 '세균학'과 '원생동물학' 분야의 아버지로 불린다. 지구상에서 이 작은 생물들은 30억 년 이상 살아왔으며 공기, 물, 건조한 땅뿐만

원생동물학 원생동물을 연구하는 학문

아니라 집과 음식, 심지어는 우리 몸 안에도 존재한다. 하지만 사람들은 아주 오랜 기간 그 존재를 모른 채로 살아왔다. 레벤후크의 발견을 처음 알았을 때의 사회의 충격을 상상해보라.

안토니 반 레벤후크 39

광주리 장수의 아들

안토니 반 레벤후크는 1632년 10월 24일 홀란드의 델프트에서 필립 반 레벤후크와 마가레타 벨 반 덴 버크 사이의 7남매 중 첫째로 태어났다. 델프트는 운하가 있는 깨끗하고 조용한 마을로, 맥주 산지로 유명한 곳이다. 레벤후크의 아버지는 대대로 광주리를 만들어 팔며 생계를 이어왔다. 그러나 안타깝게도 1638년 레벤후크가 여섯 살이었을 때 사망했다. 3년 후 그의 어머니는 화가와 재혼했고 계부마저 레벤후크가 열여섯 살 나던 해 죽고 말았다.

여덟 살 때부터 집에서 32km 떨어진 문법학교에 다니기 시작한 레벤후크는 집에서 학교까지의 거리가 너무 멀어서 변호사 겸 마을의 서기였던 삼촌의 집에서 살게 되었다. 열여섯 살이 되었을 때는 암스테르담의 린넨 직물 상인의 수습사원으로 일하게 되었다. 그는 근면하고 책임감이 강해서 지배인뿐만 아니라 회계 역할도 잘 해냈다. 그 뒤 1654년 고향인 델프트로 돌아와, 남은 생의 대부분을 그곳에서 보냈다.

레벤후크는 델프트로 돌아와 21세가 되던 해 24세의 바바라 드 메이와 결혼했다. 그리고 집을 사고 포목상을 열었으며 세 명의 아들과 두 명의 딸을 두었으나 1656년에 태어난 딸인 마리아를 제외하고는 모두 어릴 때 죽고 말았다. 레벤후크는 1666년에 바바라가 사망하자 1671년 바바라의 친척인 코넬리아 스왈미우스와 재혼했다.

레벤후크의 사업은 큰 성공을 거두었다. 그는 대부분의 시간을 옷감을 살펴보고 옷과 단추, 리본 등을 파는 데 보냈지만 1660년부터 1699년까지는 델프트에서 관료 생활을 했다. 또 1699년부터 죽을 때까지 홀란드 궁정의 조사관으로 일했으며 1679년에는 와인 조사관이 되기도 하였다. 그는 여러 공직을 맡으면서 명성을 얻었고 과학적인 취미에 투자할 수 있는 충분한 돈도 벌었다.

숙련된 렌즈 연마사

레벤후크가 언제부터 미생물을 관찰하는 데 흥미를 보였는지 정확하게 알 수는 없지만 현미경으로 관찰한 결과를 처음으로 편지에 기록한 1673년 이전이라는 것은 분명하다. 17세기에 유리 렌즈를 잘 연마해 물체를 크게 확대해 보는 기술을 일개 포목상이 익히는 것은 흔치 않은 일이었다. 레벤후크는 특히 이 분야에 재능이 있어서 평생 동안 550개의 렌즈를 만든 것으로 전해진다.

그러나 레벤후크가 최초로 현미경을 만든 것은 아니었다. 최초의 현미경은 1590년 네덜란드의 안경 제조업자인 얀센 형제가 두 개의 볼록 렌즈를 이용해 만든 것으로, 작은 물체를 확대해서 보는 데 사용했다. 현미경은 망원경과 함께 광학 기계의 2대 발명품으로 꼽힌다. 레벤후크가 만든 아주 작은 현미경은 사포로 정교하게 연마한 렌즈를 두 개의 얇은 놋쇠 판 사이에 붙여 만든 것으로 폭이 8분의 1인치 정도 되는 크기였다. 한쪽 끝은 나사를 돌리도록 되어 있어 렌즈의 위치를 위아래로 조절할 수 있었다.

레벤후크는 표본을 현미경에 올려놓은 다음, 상을 조절해 크게 관찰했다. 때때로 두 개의 렌즈를 사용해 상을 더욱 크게 보기도 하였다. 두 개의 렌즈로 만든 현미경의 '배율'은 한 개의 렌즈로 만든 현미경보다 높았지만 흐릿하거나 모양이 일그러지게 보였기 때문에 레벤후크는 대부분 한 개의 렌즈로 만든 현미경으로 관찰했다. 특히 그가 만든 현미경은 성능이 뛰어나 275배나 확대해 볼 수 있는 것도 있었다고 한다.

레벤후크는 현미경을 가지고 옷감뿐만 아니라 다양한 재료를 관찰했다. 그가 관찰한 표본은 곤충의 날개와 눈, '꽃가루', '곰팡이' 등으로 대부분 생물에 관련된 것이었다. 그러던 어느 날 레벤후크의 친구이자, 네덜란드의 의사인 레

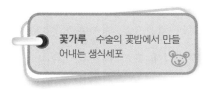

꽃가루 수술의 꽃밥에서 만들어내는 생식세포

니어 드 그라프가 레벤후크의 관찰 기록을 보게 되었다. 레벤후크의 현미경이 당시의 과학자들이 만든 것보다 훨씬 잘 만들어졌다고 생각했던 그는 레벤후크에게 관찰 결과를 잘 기록하라고 얘기하고

는 그 기록을 영국의 왕립학회에 보냈다. 이는 곰팡이의 포자, 벼룩, 벌의 눈과 입, 가시 등을 현미경으로 관찰한 것이었다. 이 기록은 1673년 왕립학회의 철학보고서로 출간되었다.

그라프와 마찬가지로 왕립학회의 회원들은 그의 연구 결과에 깊은 감명을 받았고 네덜란드의 직물상인으로부터 더 많은 것을 듣고 싶어했다. 레벤후크는 겸손한 태도로 모국어인 네덜란드어로 자신의 스케치와 세밀하게 관찰한 결과를 써 보냈다. 그 당시 과학자들이 라틴어나 영어, 프랑스어로 글을 썼던 것을 생각하면 상당히 이

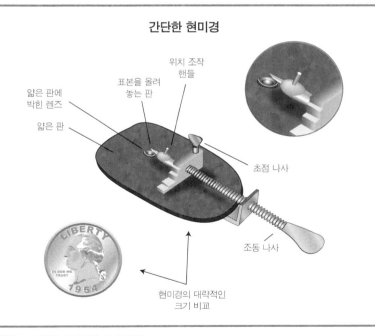

간단한 현미경

얇은 판에 박힌 렌즈

얇은 판

표본을 올려 놓는 판

위치 조작 핸들

초점 나사

조동 나사

현미경의 대략적인 크기 비교

레벤후크가 만든 손바닥만 한 현미경

례적인 일이었다. 하지만 레벤후크는 네덜란드어 외에는 할 줄 아는 외국어가 없었기 때문에 어쩔 수 없었다. 더구나 간결하고 분명하게 쓰는 과학적인 글쓰기에 익숙하지 않았던 그의 편지는 길고 산만하며 종종 개인적인 정보도 들어 있었다. 몇몇 과학자들은 과학 논문에 맞지 않는 그의 글쓰기 방식을 비난했지만 몇몇은 그의 솔직한 글을 좋아했다.

그의 글에 강한 인상을 받은 왕립학회의 과학자들은 그가 사망할 때까지 50년간 서신 교환을 계속했으며 그가 왕립학회에 보낸 논문 편수는 무려 375편에 달했다.

미생물의 발견

1676년은 레벤후크의 가장 유명한 발견이 발표된 해이다. 그는 빗물 속에서 아주 작은 동물들이 헤엄치는 것을 관찰했다고 주장했다. 하지만 대부분의 사람들은 그의 말을 믿지 않았다.

1674년 델프트에서 몇 시간 떨어진 호수에서 떠 온 물에 녹색 구름 같은 물질이 덮여 있는 모습을 관찰하게 된 레벤후크는 현미경으로 이 물을 조사한 결과 물 속에 아주 작고 다양하게 생긴 생물들이 빠른 속도로 움직이는 것을 보고 깜짝 놀랐다. 이 발견 이후로 그는 여러 지역에서 미생물들을 찾기 시작했다. 눈, 비, 바닷물, 우물물 등을 조사했으며 놀랍게도 미생물은 어디에나 있다는 것을 알게 되었다. 그는 마침내 작은 생물들에 관한 자세하고 생생한 기록을 담은 편지를 왕립학교에 써 보냈다. 이 생물들은 오늘날 우리가 '원생동물', 미생물, 단세포 생물, '진핵생물'로 알고 있는 종류였다. 녹색과 투명한 색 등 다양한 색깔과 둥글거나 계란형, 구형 등 다양한 모양으로 생겼으며 몇몇 생물은 다리와 작은 털도 있었다. 이처럼 아주 다양하고 작은 생물들이 물속을 다양한 방법으로 빠르게 움직이고 있었다.

레벤후크는 큰 배율의 현미경을 만들어내는 데 성공했을 뿐만 아니라 '해상능'이 뛰어난 현미경도 만들었다. 해상능이란 가까이 붙어 있는 두 점 사이의 거리를 구별할 수 있는 능력을 말한다. 놀랍게도 1 μm를 구별할 수 있는 해상능을 가진 현미경을 제작해낸 레벤후크였지만 왕립학회 사람들은 한 개의 렌즈로 만든 현미경이 해상능이 그렇게 뛰어날 수는 없다고 생각했다. 물체를 확대하려면 렌즈가 볼록하고 둥글어야 했다. 250배나 크게 볼 수 있으려면 아주 완벽한 모양의 렌즈가 필요한데 과학자도 아닌 일개 직물 상인이 그런 정교한 관찰기구를 만들었으리라곤 믿지 못했던 것이다. 또한 레벤후크는 미생물을 발견한 자세한 과정을 말하지 않았고 현미경을 공개하지도 않았기 때문에 세상이 눈에 보이지 않는 미생물들로 가득 차 있다는 그의 주장은 의심스러운 것으로 여겨졌다. 그 결과 그는 거짓말쟁이, 마술사라는 악명을 얻게 되었다. 하지만 레벤후크는 주변의 생물에 호기심을 가지

> **원생동물** 세포벽이나 엽록소를 가지지 않은 채로 움직이는 진핵생물
>
> **진핵생물** 세포막으로 둘러싸인 세포 소기관을 가지고 있으며 막으로 둘러싸인 핵이 있는 세포나 생물
>
> **해상능** 아주 작은 거리에 있는 두 물체를 구별할 수 있는 현미경의 성능

크기

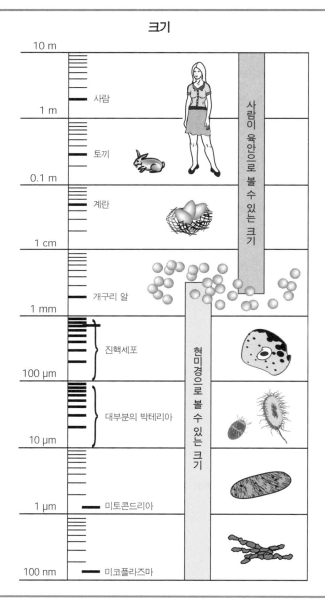

레벤후크가 현미경으로 관찰한 생물들은 마이크로미터(μm) 단위의 작은 생물들이었다.

고 부단히 노력한 아마추어 연구자로 사기꾼과는 거리가 멀었다.

그의 주장을 의심하는 사람들을 이해시키고자 레벤후크는 성직자, 변호사, 의사를 포함한 명망 있는 8인의 사람들로부터 공증서를 받았다. 그러나 왕립학회의 여러 회원들은 레벤후크가 발견했다고 주장한 미생물을 찾기에 실패해 로버트 훅에게 레벤후크의 주장을 증명해 달라고 요청했다. 당시 훅은 학회의 조사 감독 위원이었고 현미경의 전문가로도 유명했다.

그는 1665년에 곤충의 각 부분, 화석, 옷감, 곰팡이 등의 스케치가 포함된 《마이크로그라피아》를 출간했으며 코르크 마개에서 세포를 처음으로 발견한 학자이기도 했다. 그는 코르크 마개의 세포가 12억 개가 모여야 $1cm^3$의 코르크가 된다고 말했다.

세포는 생명의 기본 단위로 우리 몸을 구성하고 분열하며 호흡, 배설, 단백질 합성 등과 같은 생명현상을 유지하는 데 필요한 기능들을 수행한다. 《마이크로그라피아》는 영어로 쓴 책이라서 네덜란드어밖에 할 줄 몰랐던 레벤후크는 읽을 수 없었지만 그 안에 담긴 그림을 볼 수는 있었다. 이 책은 레벤후크에게 섬유 이외의 다른 물체를 조사하고자 하는 열망을 일으켰다. 레벤후크가 미생물을 관찰하게 된 계기는 훅의 영향을 크게 받았기 때문이었다.

훅은 레벤후크의 실험을 검증해 1678년 레벤후크가 말한 생물을 찾아냄으로써 레벤후크의 주장이 옳다는 것을 증명했다. 그러나 그 후 1세기 동안 현미경으로 세균을 본 사람은 없었다. 레벤후크만큼 뛰어난 성능의 현미경을 만든 사람이 없었기 때문이다.

후추와 명성

레벤후크는 어떤 것에 호기심이 생길 때마다 현미경 관찰로써 그
답을 얻었다. 예를 들어 후추의 독특한 맛이 나는 이유가 궁금하면
좁고 날카로운 돌기가 나 있는 후추를 물속에 넣어 부드럽게 한 다
음 원통형의 유리 튜브로 빨아들여 관찰했다. 또 미생물과 다른 물
체들의 상대적인 비교를 통해 미생물의 길이가 한 알의 모래 길이
보다도 작을 것으로 추정했다. 그는 1678년 이러한 발견을 편지로
써 훅에게 보냈는데 이 편지는 세균학 분야의 첫 번째 논문으로
평가된다.

1680년 레벤후크는 왕립학회의 외국회원으로 선출되었다. 그는
런던에 간 적은 없었지만 학회에 매년 많은 편지를 보냈으며 대부분
의 편지들은 몇십 년 동안 《왕립협회의 철학보고서》로 출간되었다.
파리의 과학 아카데미에도 27편의 논문을 보냈던 그는 1699년에
는 파리의 과학 아카데미의 통신회원으로 임명되었다.

이런 여러 가지 발견으로 인해 그는 전 세계에 알려지게 되었고
방문객도 많아졌다. 그중에는 영국의 여왕과 독일의 황제도 있다.
또한 1698년에는 러시아의 피터 대제가 레벤후크를 그의 배에 초
대하여 그가 관찰하고 기록한 수집품들을 구경했다. 또한 네덜란드
의 동인도회사는 아시아에서 채집한 곤충을 보내어 그의 연구를 도
왔다.

인간과 관련된 미생물

1683년 레벤후크는 인간의 몸속에 미생물이 살고 있다는 내용의 또 다른 놀라운 편지를 왕립학회에 보냈다. 그 편지의 내용은 다음과 같다.

레벤후크는 소금으로 매일 양치질을 하는데(소금 양치질은 치약이 발명되기 전까지 사람들이 보편적으로 사용하던 양치질 방법이었다) 이렇게 청결한 생활습관을 가지고 있음에도 치아 표면에서 약간 희고 끈적거리는 물질을 발견했으며 그 물질을 현미경으로 관찰하자 온갖 세균들이 버글거리는 것을 보게 되었다는 것이다. 더 나아가 규칙적으로 이를 닦지 않는 사람들에게서 채취한 물질들을 조사하자 새로운 모양의 세균을 더 많이 발견할 수 있었다. 그는 이런 세균들이 호흡기 병이 생기는 원인이 된다고 주장했다.

이 사건을 계기로 그는 체액을 조사하는 데 흥미를 가지게 되었다. 그 결과 1681년에 설사를 관찰하여 인간의 장에 붙어 영양분을 빼앗고 설사를 일으키는 미생물인 지알디아를 발견했다. 지알디아는 기생충으로 숙주에 **기생**하여 해를 끼친다. 그러나 인간은 전혀 해를 끼치지 않는 미생물들에 둘러싸여 있기도 하다. 이러한 것들은 '**자연상**'이라고 불리며 인간은 이들에게 매우 의존하고 있다. 예를 들어 대장균은 창자에 살면서 비타민 K를 만들고 비타민 B의 흡수를 도와

기생 살아 있는 숙주로부터 양분을 흡수하고 때때로 숙주에게 피해를 끼치는 것

자연상 병을 일으키지 않고 숙주에 들어 있는 미생물

주는, 우리 몸에 유용한 세균이다. 세균들 또한 우리 인간에게 도움을 받는데 사람의 몸속 안전하고 따뜻한 환경에서 영양분을 공급받는다. 미생물들은 건강한 사람의 피부나 입안에도 살고 있다.

레벤후크는 이와 같은 미생물들이 인체의 각 부분에 살고 있다는 것을 발견했지만 우리 몸에 피해를 끼친다고 주장하지는 않았다. 200년이 지난 후 프랑스의 과학자인 루이 파스퇴르와 독일의 의사인 로버트 코흐가 미생물이 병을 일으킨다고 주장함으로써 세균이 병을 발생시킨다는 세균학이 발전하는 계기가 되었다.

1677년에는 정액을 조사해 그 속에 수백만 개의 '정자'들이 헤엄쳐 다니는 것을 발견하게 된 레벤후크의 발견으로 풀리지 않았던 생식 과정의 일부가 밝혀지게 되었다. 정자는 남자에게서 만들어지는 '생식세포'이다. 그는 곤충, 갑각류, 어류, 조류, 양서류, 포유류 등 다양한 동물들의 정액 속에 들어 있는 정자 또한 관찰했다. 그는 정자 세포가 여성의 몸에서 만들어진 난자 세포와 만나 자손을 만든다고 주장했다. 그리고 여성의 난자와 자궁이 새 생명이 자랄 수 있도록 양분과 피난처를 제공한다고 믿었다. 이 연구는 생물이 무생물에게서 만들어진다는 **'자연발생설'**이 잘못되었음을 밝히는 데 도움을 주었다.

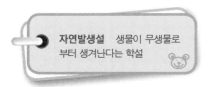

자연발생설 생물이 무생물로부터 생겨난다는 학설

미생물의 발견 때문에 유명해졌지만 레벤후크는 해부, 생식, 식물의 영양 수송 등에도 관심이 있었다. 그는 장, 유미관, 혈관, 신경관 등 여러 기관의 구조를 현미경으로 관찰하여 기술하였다. 또한 해부학과 생리학에

도 관심을 가져 여러 생물들을 연구하고 비교하여 살아 있는 생물에 관한 일반적인 이론을 만들었다. 그는 혈액을 연구하여 1683년에 모세혈관을 발견하였다. 과학적 소양이 풍부하지 않았던 레벤후크는 이탈리아 사람인 마르셀로 말피기가 1661년에 이미 동맥과 정맥을 연결하는 모세혈관의 존재를 알아냈다는 사실을 모르고 있었다. 따라서 모세혈관을 발견한 것은 순전히 그만의 노력으로 된 일이다. 이 외에도 다양한 곤충을 연구하고 거미줄을 관찰했으며 바구미, 이, 칠성장어와 다른 동물의 한살이 과정도 연구했다.

현미경을 유산으로 남기다

84세가 되던 해, 루베인 대학에서 레벤후크에게 명예 메달과 헌시를 수여했다. 그는 시를 읽고 감명을 받았다는 답장을 썼다. 원생동물학과 **미생물학**의 아버지인 레벤후크는 1723년 8월 26일 폐렴으로 사망했고 델프트의 오래된

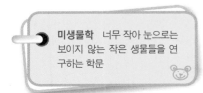

미생물학 너무 작아 눈으로는 보이지 않는 작은 생물들을 연구하는 학문

교회에 안장되었다. 임종시 그는 딸에게 26개의 현미경과 생물 표본을 왕립학회에 기증하라는 유언을 남겼지만 불행히도 레벤후크가 공들여 만든 현미경들 대부분이 중간에 사라졌다. 레벤후크가 만든 현미경들은 해상능과 배율이 굉장히 뛰어난 것으로, 이는 과학계에 있어 대단한 손실이었다.

오늘날 학생들은 '미생물학' 첫 시간에 안토니 반 레벤후크의 발견에 관해 배운다. 수백만 명이 그의 연구를 반복하고 그가 현미경 하에서 관찰했던 것들을 보면서 놀라워한다. 그는 잘 교육받은 사람도 아니었고 과학적인 훈련도 받지 않았지만 굉장히 독창적인 관점을 지니고 있었기에 고정관념에 얽매이지 않고 연구할 수 있었다. 그는 네덜란드어만 구사할 수 있었던 탓에 과학적 소양을 쌓지도 못했고 왕립학회의 학자들 이외에는 거의 교류도 없었지만 자연을 관

찰하고자 하는 열망으로 생물학 분야의 발전에 이바지했고 그의 열
정으로 관찰한 사물들을 생생하게 기록할 수 있었다.

원핵생물과 진핵생물

원핵생물 막으로 된 소기관을 가지지 않은 생물

레벤후크가 현미경으로 연못 물을 조사했을 때 그는 아마도 진핵생물과 **원핵생물**들을 관찰했을 것이다. 미생물은 너무 작아서 육안으로는 잘 보이지 않지만 어느 곳에나 존재하고 있다. 진핵생물과 원핵생물의 가장 큰 차이점은 원핵생물은 세포막으로 둘러싸인 세포소기관이 없다는 것이다. 진핵생물은 막으로 둘러싸인 세포소기관을 가지고 있으며 원핵생물보다 더 고차원의 내부 조직을 가지고 있다.

원핵생물은 $125nm$에서 $500\mu m$ 정도 크기의 단세포 생물이다. 몇몇 생물들은 현미경 없이 육안으로 볼 수 있지만 대부분의 생물들은 $1\mu m$ 미만이라 현미경으로 관찰해야만 보인다. 원핵생물은 막대 모양, 구형, 나선형 등 다양한 모습을 하고 있다. 대부분 하나의 세포가 생물을 이루지만 몇몇 생물들은 군체나 사슬 모양을 이룬다. 원핵생물은 시원세균과 진정세균의 두 무리로 다시 나뉜다. 이 두 종류는 독특한 핵산 구조와 세포벽의 조성, 세포막 지질을 구성하는 화학 결합의 종류에 따라 구별된다. 인간에게 보이지 않을 정도의 작은 크기지만 원핵생물은 진핵생물보다 훨씬 종류가 많다.

진핵생물은 단세포 또는 다세포 생물이다. 대부분의 동물과 식물은 진핵생물이지만 다른 진핵생물은 미생물이다. 진핵 미생물들은 곰팡이, 효모, 조류, 유글레나, 아메바 같은 원생생물을 포함한다. 모든 진핵생물은 세포막으로 구성된 세포소기관이 있으며 종들 사이에 다른 유형의 세포소기관을 가지고 있다. 예를 들어 식물은 엽록체라는 세포소기관이 있어 이곳에서 광합성을 통해 에너지를 만들어낸다. 레벤후크는 처음으로 원생동물을 관찰했고 그의 발견 이래 현재까지 약 6만 여 종의 원생생물이 동정^{同定}되었다.

1632	10월 24일 네덜란드의 델프트에서 태어남
1640	버몬드에 있는 학교에 입학
1648	암스테르담에 있는 포목점의 견습사원이 됨
1654	델프트로 돌아와 포목점을 운영
1660	델프트 시청의 관리가 됨
1669	토지 조사관이 됨
1671~72	현미경을 만들기 시작함
1673	런던의 왕립협회에 첫 번째 편지를 씀.《왕립협회의 철학보고서》를 출간하고 50년간 왕립협회와 서신 교환을 함
1674	현미경으로 연못 물을 관찰하던 중 처음으로 '미생물'을 관찰
1677	정자 발견
1678	로버트 훅에게 후추 안에 세균이 살고 있다는 내용의 편지를 보냄
1680	왕립협회 회원으로 선출
1698	러시아 황제인 피터 대제가 방문하여 레벤후크의 연구물을 보고 감
1699	파리의 과학 아카데미의 통신회원이 됨
1716	루베인 대학에서 레벤후크에게 메달을 수여
1723	8월 26일 델프트에서 폐병으로 사망

"
신이 창조한 것은
몇몇 종일 뿐,
교배에 의해
새로운 종이 생겨난다.
"

Chapter 3

분류학의 아버지,

칼 린네

Carl Linnaeus
(1707~1778)

생물의 분류

　군중으로 가득 찬 축구 경기장에서 한 사람을 찾아야 된다고 할 때 그 사람의 자세한 특징을 모르고서는 쉽게 찾을 수 없을 것이다. '키가 큰 십대 후반의 소년, 보통 체격에 밝은 갈색 머리, 녹색의 눈 밑에는 약간의 주근깨가 있고, 청바지 차림에 야구 모자를 눌러쓴 채 핫도그를 들고 서 있는 남자'라는 정보가 없다면 그를 찾기란 매우 어려운 일이다. 수많은 사람들 중에서 특정한 한 사람을 찾아내려면 그가 지닌 신체적 특징을 이용해 분류함으로써 구분할 수 있을 것이다. 예를 들어 모든 사람들을 성별과 나이에 따라 구분하고 다음에 머리카락색, 눈동자 색깔, 주근깨의 유무 등의 작은 그룹으로 분류할 수도 있을 것이다. 또는 입고 있는 옷의 종류와 먹고 있는 것과 같은 개인적인 특징으로 더 세분화하여 나눌 수도 있다. 이렇게 하면 한 사람을 찾는 임무가 완성된다. 18세기의 칼 린네는 이와 비슷한 일을 하였다. 그는 모든 생물을 분류하기 위한 체계를 만들어냈다. 생물학자들이 생물의 이름을 짓는 방법을 고안하고 생물들을 구분하는 자세한 분류 기준을 만들었으며 린네가 개발한 분류체계는 오늘날에도 새로 발견된 종을 명명하고 분류하는 데 사용되고 있다.

꼬마 식물학자

칼 린네는 1707년 5월 23일 스웨덴 남부의 작은 도시인 로슐트에서 목사였던 아버지 닐스 잉거마슨과 목사의 딸인 어머니 크리스티나 사이에서 태어났다. 18세기에는 닐스의 아버지와 같은 농부에게는 성이 없는 것이 일반적이었다. 그러나 닐스가 룬트 대학에 들어갔을 때, 그는 라임 나무의 사투리인 linn에서 유래한 '린네'라는 가운데 이름을 선택했다. 닐스는 스텐브로홀트의 목사로 부임했고 그의 가족들은 교구 목사관에서 살았다. 닐스는 아마추어 식물학자로, 그에게는 아름다운 정원이 있었다. 린네는 아버지와 함께 정원에서 많은 시간을 보냈다. 그의 아버지는 어린 린네에게 꽃의 이름을 계속 물어보는 놀이를 즐겨 했는데 꽃의 이름은 긴 라틴어였기 때문에 외우기란 쉽지 않았다.

린네는 세 명의 여동생, 한 명의 남동생과 함께 행복한 어린 시절을 보냈다. 그가 일곱 살이 되었을 때 부모님은 그를 위해 가정교사를 고용했다. 그러나 린네는 엄격한 가정교사와 공부하는 것보다는 집 근처의 초원을 돌아다니며 자연을 관찰하는 것을 더 좋아했다. 그가 아홉 살이 되자 부모님은 그를 벡쇼로 보냈고 그곳에서 고등학교까지 마쳤다. 평범한 학생이었던 그였지만 동료 학생들에게 꼬마 식물학자라는 별명을 얻었다. 칼은 부모님이 기대하는 성직자가 되는 데 필요한 과목보다는 라틴어와 자연사를 더 좋아했다. 고등학생일 때 그는 논리학과 물리학을 가르치는 요한 로스만 박사를 알게되었다. 로스만은 '식물학'에 대한 칼의 흥미를 알아채고 식물을 이용해 약을 만드는 의학의 한 분야와 관련된 공부를 해볼 것을 권유했다. 당시 대부분의 의사들은 환자를 치료할 수 있는 식물을 기르는 정원을 가지고 있었던 것이다.

린네가 고등학교를 다니던 마지막 해에 그의 아버지는 벡쇼를 방문하여 린네의 선생님과 이야기를 나누었다. 그는 학교 선생님들이 린네가 신학을 그만두고 의학을 공부하는 데 모두 찬성했다는 사실에 당황했다. 낙담한 아버지는 로스만으로부터 의학 분야의 전망에 관해 듣고는 린네가 성직자가 되는 것보다 의사가 되는 편이 더 나을 수도 있겠다는 생각을 하게 되었다. 고맙게도 로스만은 벡쇼에 있는 마지막 한 해 동안 린네의 스승이 되어 식물학과 의학 개인 강의를 해주었고 조셉 피톤 드 투르네포트가 제안한 식물 분류 체계를 소개했다. 이 체계는 꽃의 '화관' 모양에 따라 식물을 나누는 방법이었다. 이 시기에는 탐험가들의 항해를 통해 새로운 동식물 종이 많이 발견되었다. 이에 많은 학자

화관 꽃의 가장 바깥 부분으로 꽃잎이 붙거나 떨어져서 만들어짐

들이 동물학과 식물학 연구에 몰두하기 시작했고, 새로 발견한 생물들과 기존 생물들 간의 연관성을 정리해야 할 필요성을 느끼게 되었다. 그래서 여러 학자들이 각자의 분류 방법들을 창안했다. 식물을 분류하는 방법에는 꽃의 화관 모양에 따라 나누는 방법 이외에도 열매의 종류, 전체적인 식물의 모양, 떡잎의 수 등 기준이 다양했기 때문에 분류학이 정립되지는 못했다.

대학 시절

1727년, 린네는 아버지의 바람대로 룬트 대학에 의대생으로 입학했다. 하지만 룬트 대학은 겉보기에도 낡은 데다 의학 교수는 단한 명뿐이었고 식물학 강좌도 없었으며 연구 시설도 부족했던 터라 린네는 무척 실망스러웠다.

그는 킬리안 스토바우스의 집에서 스토바우스의 조교로 일하던 데이빗 쿨라스와 같이 하숙을 했다. 스토바우스의 집에는 수많은 책이 있었지만 항상 서재가 잠겨 있어서 아무나 들어갈 수가 없었다. 그런데 쿨라스는 린네가 읽을 수 있도록 책을 몰래 가져왔고, 린네는 쿨라스에게 생리학을 가르쳐주었다. 그러다 스토바우스에게 책을 읽고 있는 현장을 들키고 말았다. 그런데 전화위복이 되어 학구열에 불타는 어린 식물학자의 열망을 이해한 스토바우스의 배려로 자유롭게 책을 읽을 수 있도록 허락받게 되었다.

린네는 여름 방학 동안 로슐트의 자기 집으로 돌아왔고 이 기간 동안 고등학교 시절 은사였던 로스만이 방문했다. 로스만은 룬트 대학에 식물학 강좌가 없음을 알고 웁살라 대학으로 옮기라고 충고했다. 당시 웁살라 대학은 평판이 좋았고 의학 분야의 교수로 라스 로버그와 올라프 루드벡이 있어 학문적으로 수준 높은 강의를 들을 수 있었지만 고령인 루드벡은 더는 강의를 하지 않았고 닐스 로젠이라는 조교가 대부분의 업무를 처리하곤 했다. 그럼에도 린네는 웁살라 대학으로 옮겨 대부분의 시간을 식물을 키우는 정원에서 보냈다.

어느 날 정원에서 식물을 돌보고 있던 그는 식물학에 관해 질문을 던져 오는 어떤 학자를 만난다. 그는 올라프 셸시우스라는 웁살라 대학의 권위 있는 신학 교수로, 린네의 해박한 지식에 감탄했다. 또한 린네가 600장 이상의 꽃 표본을 가지고 있다는 것을 알게 된 셸시우스 교수는 린네를 집으로 초대해 성경에 나오는 식물에 관한 책을 쓰는 일을 도와줄 조교로 임명하고 자신의 집에서 하숙할 수 있도록 해주었다.

다음해 봄에는 피터 아르테디라는 자연사에 관심이 많은 나이 많은 의대생을 만나게 되었다. 둘은 깊은 우정을 쌓아가며 함께 연구를 시작했으며 우정 어린 경쟁은 그들에게 동기를 부여해 더욱 공부에 매진하는 추동력이 되어주었다.

식물의 성

이 당시의 학생들은 새해에 자기가 좋아하는 교수에게 시를 보내는 전통이 있었다. 린네는 셀시우스에게 간단한 시 대신, 식물의 수분에 관한 과학적인 내용의 글을 써 보냈다. 여기에서 린네는 식물의 생식 구조의 역할에 대해 설명했다. 그 내용은 다음과 같다.

꽃밥　수술의 끝부분에 붙어 있으며 꽃가루를 만드는 장소

암술　암술머리, 암술대, 씨방으로 이루어진 꽃의 자성 생식기관

암술머리　식물의 자성 생식기관인 암술대의 끝부분에 있으며 꽃가루를 받을 수 있도록 끈끈함

암술대　꽃의 자성 생식기관으로 암술머리와 씨방 사이에 있는 긴 관

씨방　식물의 암술을 이루는 한 부분으로 밑씨가 들어 있음

밑씨　씨방 안에 들어 있으며 수정 후 장차 씨가 될 부분

'수술'은 '수술대'라고 불리는 줄기와 꽃가루를 만들어내는 '**꽃밥**'이라고 불리는 끝쪽의 주머니로 이루어진 웅성 기관이다. '**암술**' 또는 '심피'로 알려진 꽃의 자성 기관은 '**암술머리**', '**암술대**', '**씨방**'으로 구성되어 있다. 암술머리는 제일 끝에 있으며, 꽃가루를 받기 위해 끈적끈적하다. 암술대는 가루받이 후에 씨로 자라게 될 **밑씨**가 들어 있는 씨방과 연결되는 관 모양의 구조물이다. 수술의 꽃가루와 암술머리가 만나는 현상을 수정이라고 하며 이를 통해 식물의 생식이 일어난다.

이 비공식적인 글에서 그는 식물의 생식을 동물과 비교 설명했다. 그는 식물의 꽃밥을 없애는 것은 동물의 정소를 제거하는 것과 마찬

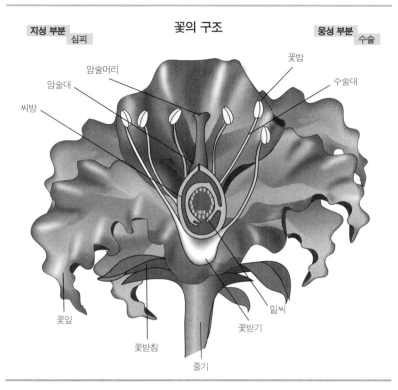

꽃의 구조

지성 부분 심피   웅성 부분 수술

암술머리
암술대
씨방
꽃밥
수술대
밑씨
꽃받기
꽃잎
꽃받침
줄기

이 꽃은 속씨식물의 생식기관이다.

가지로, 씨방을 없애는 것은 동물의 **난소**를 제거하는 것과 같다고 설명했다. 비슷한 종류의 식물들 사이에서 일어나는 수분을

난소 생식 호르몬과 난자를 만드는 기관

근친상간에 비유했고 한 꽃 안에 하나 이상의 수술을 가진 것은 이중으로 결혼하는 중혼에 비유했다.

식물의 생식 방법에 관한 그의 자세한 묘사에 감명을 받은 셀시우스는 린네에게 식물학 강의를 맡겼다. 린네는 2학년 학생에 불과했지만 재정적 지원이 필요했기 때문에 이 제의를 받아들였다. 게다가 루드벡은 그를 세 아들의 가정교사로 고용했다.

린네는 개인교사, 학교강의, 자신의 공부를 하느라 바빴지만 결코 식물학 공부를 게을리하지 않았다. 대학 생활 동안 그는 유명한 업

적이 될 작업을 시작했다. 식물을 수술의 위치와 수에 근거해 24강으로 분류한 다음 심피의 수로 분류하기 시작해 몇 년 동안 계속해서 고치고 새로운 내용을 추가했다. 나중에 이것이 린네의 식물분류법의 기초가 되었다. 린네는 남성과 여성을 나타내는 기호인 ♂, ♀을 처음으로 사용했다. 어떤 학자는 식물을 암술과 수술의 관계로 나누는 것이 풍속을 문란하게 한다고 비난하기도 하였다.

1731년 3월 루드벡 교수의 제자였던 닐스 로젠이 홀란드에서 박사학위를 받아 학교로 되돌아왔다. 그는 린네가 가르치던 식물학 강의를 하게 될 것으로 기대했으나 루드벡은 린네에게 강의를 계속하게 하였고 이 때문에 로젠은 화가 났다. 더구나 린네는 인기 있는 강사였기 때문에 로젠의 질투심은 더욱 커져만 갔고 둘 사이에는 오랜 증오가 싹트게 되었다.

라플란드와 유럽

가을이 되자 린네는 스웨덴 일부, 핀란드, 노르웨이, 러시아 북서쪽을 포함해, 유럽의 북부 지역인 라플란드 여행에 지원했다. 웁살라의 왕립과학학회에서 린네에게 그 지역의 자원을 조사하는 데 필요한 돈을 지원했다. 그 당시 각 나라에서는 자국에서 나는 생물들을 조사하여 유용하게 이용하는 데 관심이 컸기 때문에 이런 탐사 활동이 활발하게 이루어졌다. 1732년 5월, 그는 넉 달간의 위험하고 불편한 탐사를 시작했다. 그는 감기로 고생하기도 하고 식량 부족, 위험한 상황에 처하기도 했으나 그 지역의 거대한 자연에 압도되었다. 그는 라플란드 지역의 잘 알려지지 않은 식물, 광물, 동물들을 채집했으며 이 탐사를 통해 순록의 습성에 관한 전문가가 되었고 100종 이상의 새로운 식물을 발견했다. 이 여행에서 얻은 자료는 1737년에 《라플란드의 식물상》으로 출간되었다. 그가 겪은 여행의 위험은 과장이 섞인 것으로 평가되지만 그 탐험은 스웨덴에서 가장 유명한 탐험으로 손꼽힌다.

1734년 달라나의 통치자인 바론 닐스 루터홀름은 린네를 초대해 라플란드 지역을 탐사했던 것처럼 이 지역을 조사해 달라고 부탁했다. 그는 크리스마스 동안에 동료 학생인 클라에스 솔버그의 집을 방문했다. 솔버그의 아버지는 광산을 조사하는 사람으로, 린네는 웁살라 대학에서 식물학 외에 광물학 강의도 하고 있었기 때문에 관심을 가지고 구리 광산을 탐사했다. 이곳에서 그는 미래의 부인인 사라 엘리자베스를 만났다. 그들은 만나자마자 사랑에 빠져 2주 후에 약혼한다. 하지만 사라의 아버지인 모라우스는 장래가 불투명한 린네에게 딸을 맡기는 것이 못마땅해 3년 후에 결혼할 것을 요구했다.

한편 솔버그의 아버지는 그의 아들을 가르치며 유럽을 여행하도록 린네에게 재정 지원을 해주었다. 당시에는 돈 많은 집안의 자제는 가정교사와 함께 여러 나라를 돌아다니며 견문을 쌓는 것이 유행이었다. 이때까지 린네는 학위를 빨리 딸 이유가 없는 것으로 보였다. 그는 살아가기에 충분한 돈을 벌었고 대학에서의 강의를 맡았으며 자연사에 관한 여러 권의 책을 냈기 때문이었다. 하지만 솔버그와 함께 유럽에 머무르려면 박사 학위를 따는 것이 더 유리했기에 1735년 네덜란드에서 학위를 취득했다. 그는 열의 원인에 관한 주제로 글을 쓰고 구두시험을 통과해 하더위크 대학에서 의학 박사학위를 받았다.

생물의 체계

솔버그와 린네는 3년 동안 홀란드를 여행하는 도중 많은 식물학 논문을 출간했고 여러 명의 영향력 있는 식물학자들과 의사들을 만났다. 많은 사람들이 그를 도와주었는데 재정 지원뿐만 아니라 다른 동료나 후원자에게 소개도 시켜주었다. 레이덴에서 그는 장 프레데릭 그로노비우스를 만났는데 그는 린네의《자연의 체계》원고를 보고 감명을 받아 1736년에 출간을 도와주었다.

《자연의 체계》는 동물, 식물, 광물을 분류하는 방법을 기록한 책으로 14쪽의 얄팍한 두께였지만 객관적인 생물의 분류체계를 설명해 놓아서 선풍적인 인기를 끌었다. 다른 학자들의 분류법과는 달리 훨씬 보편적이고 체계적인 분류법이 담겨 있었던 이 책은 린네가 나머지 생애를 이 책을 보완해 새로운 판을 내는 데 보냈을 정도로 애저을 가지고 있었다. 그 결과 1768년에 나온 12판은 세 권짜리로, 2,300쪽이 넘었다. 이 시기에 펴낸 다른 유명한 책은《식물의 속》으로 당시에 알려진 1,000여 종의 식물을 분류하고 기술한 것이다.

린네는 솔버그와 함께 무사히 유럽 여행을 마쳤지만 처음 약속과는 달리 솔버그의 아버지는 린네에게 돈을 주지 않았고, 결국 두 사람은 헤어졌다.

린네는 영국으로 가서 부유한 상인인 조지 클리포드를 만났다. 클리포드는 열성적인 식물학자로, 그는 린네에게 자신과 함께 지내면서 개인 주치의이자 정원 감독 일을 해달라고 부탁했다.

홀란드에서 린네는 우연히 그의 오랜 친구인 피터 아르테디를 만났다. 불행하게도 만난 지 얼마 되지 않아 아르테디는 익사했고 린네는 아르테디가 연구했던 어류의 생태에 관한 책인《어류학》을 완성, 출간했다.

린네는 1737년《클리포드의 정원》이라는 책을 펴냈다. 그 책에는 클리포드의 정원에 있는 모든 식물에 관한 자세한 묘사와 식물의 생장환경에 관한 정확한 기록이 들어 있었다. 이것은 린네에게 극도로 따분하고 힘든 일이었지만 이전에 보지 못했던 많은 식물을 분류할 수 있는 기회였다.

1737년 가을, 린네는 스웨덴으로 돌아오기를 원했지만 병이 들어서 겨울을 나게 되었다. 병이 나은 뒤 그는 사라 엘리자베스에게로 돌아오려 했으나 도중에 앤트워프, 브뤼셀, 파리에 들르게 되었다. 또한 고향인 스텐브로슐트에 들러 그곳에 머무르는 동안 그의 아버지에게 자신이 낸 책들을 자랑스럽게 보여주었다.

그는 약혼녀와 결혼하고 싶어했지만 결혼을 하려면 그 전에 직장을 구해야만 했다.

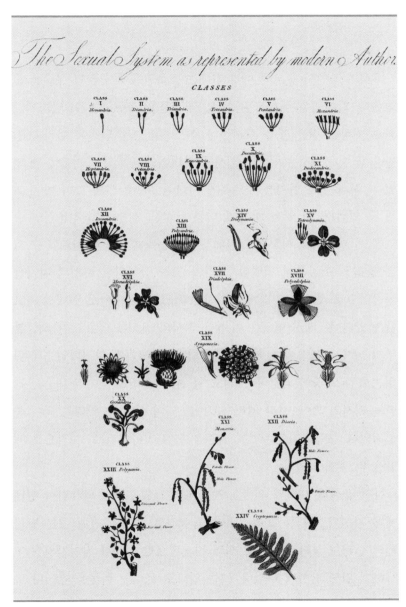

린네는 생식기관의 구조에 근거해 식물을 분류할 것을 제안했다.

의사와 교사 생활

미래의 장인의 충고에 따라 린네는 스톡홀름에서 의학 실습을 준비했다. 환자들은 어리고 경험 없고 식물을 사랑하는 이 남자에게 의료 처방을 받는 것을 주저했다. 어느 날, 그는 임질에 걸린 어떤 젊은 남자가 자신을 치료한 의사가 엉터리라고 말하는 것을 듣게 되었다. 린네는 그 환자를 치료하기 시작했고 2주 만에 그의 병을 고칠 수 있었다. 이 일을 계기로, 다른 사람들 또한 그의 전문적인 충고에 귀 기울이기 시작했고 린네는 환자들에게 성병을 치료할 수 있는 방법을 조언하게 되었다. 게다가 그는 상원의원 부인의 감기를 성공적으로 치료해 궁정에 출입하게 되었고 곧 여왕도 린네의 치료를 받았다. 칼 테신 백작은 이 젊은 의사와 친교를 맺고 그를 해군본부의 의사로 임명했다. 왕립과학학회가 이 시기에 설립되었는데 린네는 초대 회장이 되었다. 그리고 일 년도 채 되지 않아 린네는 존경받는 의사가 되어, 사라 엘리자베스를 먹여 살릴 수 있다는 것이 증명되었다. 그들은 1739년에 결혼을 했고 첫아이 칼을 시작으로 세딸을 더 두게 되었다.

한편 웁살라 대학의 의학교수인 로버그 교수는 은퇴하면서 린네에게 자신의 자리를 물려주었다. 웁살라로 옮기기 전에 그는 발틱해의 윌란드 섬과 고틀란드 섬의 경제적으로 유용한 천연자원을 조사하기 위해 탐험에 나섰다. 그는 염료로 쓰이는 식물을 찾거나 도자기의 원료가 되는 점토를 찾기를 원했으나 대신 다른 발견을 했다. 그는 새로운 작물과 바다표범을 잡는 방법, 지방의 의약품과 경작 방법, 모래가 흘러내리는 것을 막는 방법 등에 대해 알게 되었다. 또한 암석층, 광천수, 유사를 조사했다.

그 후 린네와 가족들은 웁살라로 이사와 계속 그곳에 살았다. 1741년 10월, 린네 교수는 웁살라 대학에서 첫 강의를 시작했다. 흥미롭게도 첫 강의는 그의 조국의 자연사에 관한 연구와 탐사에 관한 것이었다. 린네는 식물학, 영양학, 약물학을 가르쳤다. 재미있고 명석하며 유머러스했던 그의 강의는 매우 인기가 높았다.

그런데 당시 웁살라 대학 내의 식물 정원은 몇 년간 방치되어 있어서 상당수 식물들이 죽고 단지 300종 미만의 식물들만 남아 있었다. 린네는 기금을 모아 정원을 수리하고 온실을 만들었다. 또한 클리포드의 정원사를 고용해 정원을 돌보도록 했다. 10년 후 정원에 있는 종의 수는 3,000종이 넘었다. 식물의 대부분은 그가 여행을 하는 동안 만난 사람들이나 탐사를 다녀온 학생들로부터 받은 선물이었다.

린네는 이 시기에 개인적으로도 행복했고 학문적으로도 큰 성과를 냈다. 모든 일은 순조롭기만 했다. 그러나 웁살라의 다른 교수들은 린네만큼 행복하지 않았다. 린네의 인기를 질투했던 그들은 린네의 토요일 오후 탐사에 다녀온 학생들의 행동에 대해 불평했다. 이 시기에 그는 에이브러험 백이라는 사람과 우정을 쌓게 되었다. 수년간의 서신왕래와 서로를 방문했는데 이때의 편지를 살펴보면 이 시기의 린네가 동료들의 시기 때문에 의기소침한 상태였음을 알

수 있다.

이명법 분류체계

린네의 약물학에 관한 책인《약의 원료와 사용법》은 1749년에
나왔다. 그 밖에도 그는 개미, 새, 암석, 화석, 석영, 레밍, 메뚜기, 메
밀 등 자연사에 관한 170편 이상의 논문을 썼다. 1753년에는《식
물의 종》이 출간되었다. 이 책에서는 식물 '분류'를 쉽게 할 수 있
고 식물학자들 사이에 의사소통을 쉽게 할 수 있는 '이명법^{二名法}'
을 소개했다. 이명법을 사용해 생물의 이름을 지을 경우 두 가지
의 이름이 필요하다. 처음의 이름은 '속'이고 두 번째 이름은 '종'
이다. 이 이름들은 라틴어로 되어 있다. 속명은 대문자로 쓰지만
종명은 대문자로 쓰지 않는다. 이 분류 체계의 유용성을 알아보
기 위해 다음의 예를 보자. 기존의 분류 체계에 따르면 Plantago
foliis ovato-lanceolatis pubescentibus, spica cylindrical,
scapo tereti(우리말로 번역하면 '털이 나 있으며 계란형의 잎과 원형의
꽃차례, 원통형의 꽃줄기를 가지는 질경이')라는 식물을 이명법을 사용
하면 Plantago media플란타고 메디아로 간단하게 나타낼 수 있
다. 속명은 비슷한 종끼리 같이 사용한다. 종명은 같은 속에 속한 식
물들 사이에서 한 식물을 다른 식물들과 구별하여 부르는 이름이다.
린네는 종종 그가 존경하는 사람이나 동료들의 이름을 따서 붙였다.
《식물의 종》에는 8,000종 이상의 알려진 식물들이 기록되어 있으

며 모든 분류는 그의 성별 체계에 따른 것이다. 그의 새로운 체계는 몇십 년 이내에 널리 채택되었다.

라플란드에서 린네는 어부들이 진주를 찾기 위해 수백 개의 조개를 찾는 것을 관찰했다. 그는 진주를 인공적으로 생산해냈을 때의 경제적 가치를 생각하고, 홍합에 작은 구멍을 뚫고 아주 조그만 석회석 알갱이를 넣은 뒤 6년 후 열어보았더니 안에 크고 아름다운 진주가 들어 있었다. 1762년에 그는 이 아이디어를 스웨덴 정부에 적당한 가격으로 팔았고 특허권과 함께 아들에게 물려주었다. 특허권을 대가로 받은 돈은 햄마비에 여름 별장을 사느라 진 빚을 갚는 데에는 충분했다. 1761년에 그는 왕으로부터 작위를 받아 칼 폰 린네가 되었다.

분류학의 아버지

그 후 그의 건강이 나빠지기 시작했다. 그럼에도 그의 부인은 그에게 대학의 학장직을 포함한 많은 의무를 계속하라고 설득했다. 그는 1773년 편도선의 급성 통증으로 고생하다가, 1774년 강의를 하던 중 뇌졸중이 일어나 왼쪽이 부분적으로 마비되었다. 그는 기억 상실로 고통스러워하기 시작했고, 이는 그와 그의 찬미자들을 대단히 슬프게 만들었다.

린네는 1778년 1월 10일 스웨덴의 웁살라에서 뇌졸중으로 사망해 웁살라의 대성당에 묻혔다. 가족들이 그의 수집품을 물려받았고 그의 아들은 6년 후 자신이 사망할 때까지 잘 관리했다. 하지만 그의 누이는 영국의 '박물학자'인 제임스 스미스에게 수집품을 팔았다. 이는 스웨덴과 린네의 학생들을 화나게 했지만 스미스는 이 수집품을 이용해 자연과학을 육성하기 위한 린네 학회를 발족시켰다. 린네의 놀라운 수집품, 원고, 편지들은 오늘날 학회의 소유로, 다른 것들은 스톡홀름, 웁살라, 런던의 다양한 박물관에 나뉘어 전시되고 있다.

생물학자들은 린네를 '분류학의 아버지'로 여긴다. 그의 식물의 생식기관에 의한 분류는 더 이상 사용되지 않지만 식물학에 큰 진보를 가져다주었다. 이명법은 오늘날에도 여전히 사용되고 있다. 그가 도전한 분야와 자연사에 미친 그의 영향은 광대하다. 당시의 식물학자들로부터 비웃음을 받았던 그의 업적은 현재 존경받는 최고의 생물학자로 손 꼽히는데 손색이 없다.

현대의 분류학

분류학은 생물을 분류하고 동정하고 이름을 붙이는 생물학의 한 분야이다. 린네는 오늘날에도 여전히 사용되고 있는 이명법을 만들었을 뿐만 아니라 위계적인 분류체계를 세웠다. 생물이 **진화**함에 따라 이름을 붙이는 방법도 발달했다. 19세기 중반에 다윈이 주장한 '자연 선택'에 의한 '진화' 이론을 받아들인 이래, 생물은 유연관계에 따라 배열되었다. 과학자들은 유연관계를 정하기 위해 발생학과 비교해부학을 도입했다. 오늘날 생물학자들은 분류를 하기 위해 좀 더 많은 정보를 이용하고 있다. 예를 들어 핵산과 단백질의 염기서열 등 분자적인 방법들은 진화 역사에 관해 더 많은 정보를 알려준다.

가장 작은 분류 단위는 종으로 다른 생물과 생식적으로 격리된 종류를 의미한다. 종 분화는 자연적으로 일어나며, 생리적인 기작으로 인해 다른 생물과 생식능력이 없는 것을 의미한다. 분류의 윗단계는 인간이 만든 것이다. 종 위의 분류 단계는 속이다. 속과 종은 생물의 이름을 붙이는 데 사용된다. 속 이상의 단계로는 과, 목, 강, 문, 계의 영역이 있다. 몇 개의 범주는 하위 범주로 나누어진다. 예를 들어 인간의 분류 범주는 다음과 같다. 진핵생물 영역, 동물계, 척색동물문척추동물아문, 포유강, 영장목진원아목, 사람상과, 사람속, 사람종으로 분류된다. 짧게 말하면 사람은 과학적으로 Homo sapiens L이다(호모 사피엔스 린네-L은 린네의 첫 글자를 딴 것이다).

> **진화** 오랜 시간이 지나는 동안 생물이 변하면서 새로운 종이 생기는 현상

연 대 기

1707	5월 23일, 스웨덴의 로슐트 출생
1714	벡쇼의 학교에 입학
1727	룬트 대학에 입학
1728	웁살라 대학으로 옮김
1730	웁살라 대학의 식물학 강사가 됨
1732	경제적으로 가치 있는 자원을 조사하기 위해 라플란드 탐사를 떠남
1734	구리 광산을 조사하기 위해 파룬을 여행하고 달라나 탐사를 함
1735	홀란드를 여행하고 의학 박사학위를 받음
1736	《자연의 체계》를 출간하고 평생 동안 12판을 개정함
1737	《라플란드의 식물상》, 《식물의 속》, 《클리포드의 정원》을 출간
1738	스웨덴으로 돌아와 스톡홀름에서 의학 실습을 함

1739	스웨덴 왕립과학학회의 초대 회장, 해군본부의 의사가 됨
1741	윌란드와 고틀란드로 탐사를 떠남
1742	웁살라 대학의 교수가 됨
1749	의사들에게 필요한 고전 약리학 분야의 《약의 원료와 사용법》을 출간
1753	이명법이 담긴 《식물의 종》을 출간
1761	작위를 받아 칼 폰 린네가 됨
1772	웁살라 대학의 총장이 됨
1778	1월 스웨덴의 웁살라에서 뇌졸중으로 사망

가장 끈질기게 살아남는
종이 변화에 가장
잘 적응하는 종이다.

난 1830년에
다윈 아저씨를
만났지!!

Chapter 4

자연 선택에 의한 진화론을 제안한,

찰스 다윈

Charles Darwin
(1809~1882)

자연 선택을 통한 진화

과학의 발달사를 살펴볼 때 다윈의 진화론만큼 과학뿐만 아니라 사회, 사상 등 여러 분야에 두루 영향을 미친 이론도 드물다. 그 이전까지는 신이 인간을 특별히 만들었다는 기독교적 믿음을 지켜왔지만, 진화론에서는 사람 또한 다른 생물들과 마찬가지로 오랜 세월을 거쳐 진화해왔다고 설명하기 때문이다. 사람들은 '진화'란 단어에 감정적으로 대응하는 경우가 왕왕 있다. 이는 진화가 창조와 반대되는 의미를 가진다고 잘못 생각하기 때문이다. 진화는 단순히 시간에 따른 변화를 의미한다. 하지만 진화에 관한 여러 논쟁들 중 살아 있는 생물체, 특히 사람과 관련된 많은 논란과, 진화의 목적이 무엇인가에 관한 여러 가지 의문점들이 있었다. 진화론은 사람과 자연이 어떤 관계가 있는지 연구하는 학문이기도 하다. 그리고 진실은 지구가 변하면서 생물도 변했다는 것이다.

찰스 다윈은 H. M. S. 비글 호에 승선하여 5년간 세계를 돌아보고 자연 선택에 의한 진화론을 만들었다. 1859년 다윈이 자연 선택에 의한 종의 기원 또는 생명을 위한 투쟁에 관한 책인《종의 기원》을 출간한 이래로, 오랜 시간이 흘렀음에도 21세기에도 여전히 그의 이론에 대한 논란은 계속되고 있다. 다윈이 생명은 변화하고 진화한다는 주장을 최초로 한 것은 아니지만, 최초로 진화의 과정에 대해 과학적 방식을 제안하고 이를 지지하는 수많은 증거를 제공하였다는 데에 의의가 있다.

정해진 길로부터의 일탈

찰스 로버트 다윈은 1809년 2월 12일 영국 스로즈버리에서 태어났다. 아버지 로버트는 존경받는 외과 의사이자 작가인 에라스무스 다윈의 아들이고, 어머니 수잔나는 유명한 도예가이자 박애주의자인 조슈아 웨지우드의 딸이었다. 자식들의 교육을 중요하게 생각했던 양 가문의 가풍은 6명의 자녀를 둔 로버트와 수잔나에게도 이어졌다. 하지만 찰스는 그리 전도가 유망한 학생은 아니었다.

어머니가 세상을 떠난 일 년 후, 스로즈버리 학교에 입학한 아홉 살의 다윈에게 선생님들은 라틴어, 고전, 역사를 가르치는 것을 무척이나 힘들어했다. 찰스가 수업에 열심인 학생이 아니었기 때문이다. 찰스는 과학실에서의 화학 실험은 매우 좋아했지만 나머지 과목은 무척 지루해했다. 심지어 교장선생님이 전교생이 보는 앞에서 찰스에게 공부해야 할 시간에 과학실에서 시간이나 낭비한다고 훈계를 했지만, 그래도 공부에 큰 흥미를 느끼지는 못했다.

찰스가 열여섯 살이 되자 그의 아버지는 그를 의사로 만들기 위해

형이 다니고 있던 에든버러 대학교에 입학시켰다. 그의 형을 비롯해 아버지와 할아버지가 걸었던 의사의 길을 그에게도 기대한 것이다. 하지만 불행히도 의사의 길은 찰스의 운명이 아니었다. 그는 동물 해부를 하면 속이 울렁거렸고, 필수 과정인 인체 해부 실습 도중에는 역겨움을 참지 못하고 교실을 뛰쳐나오고 말았다. 2년 후 그의 아버지는 찰스가 의사가 되기 힘들다는 것을 깨달았다.

찰스는 다시 케임브리지 대학 내 기독교 단과대학 신학생으로 입학했다. 찰스의 아버지는 적어도 찰스가 케임브리지 대학을 다니면 훌륭한 직업을 가질 수 있으리라 기대했다.

그러나 이곳에서도 찰스는 신학 공부 대신 따로 시간을 내어 과학 공부를 했다. 또한 먹고 마시고 노는 목적의 사교 클럽인 글루턴 클럽에도 가입하고 남는 시간에는 새와 여우를 사냥했으며 딱정벌레를 채집하는 등 공부와는 동떨어진 생활을 계속했다.

1831년 찰스는 신학생으로서 졸업 요건을 갖췄지만 선택 과목을 더 수강해야 했기 때문에 아담 세즈윅 교수의 지리학 수업을 듣게 되었다. 이 수업에서 다윈은 알렉산더 본 험볼트가 쓴 《1799~1804년 적도 지역 신대륙 여행기》를 읽고 새로운 발견을 위한 여행에 흠뻑 빠져들고 만다. 다윈이 과학적으로 사고하는 방법에서는 남다르다는 것을 알아본 식물학과 교수 레버렌드 존 스티븐스 헨슬로와 세즈윅 교수는 다윈에게 자연사 연구를 직업으로 하는 것이 어떻겠냐고 제안했다. 하지만 다윈은 아버지의 바람을 거역할 수 없어 1831년 생물학 학사로 대학을 졸업했다.

세계 여행의 목적

다윈이 학교를 졸업하던 것과 비슷한 시기에 로버트 피츠로이 선장은 남아메리카로 떠날 준비를 하고 있었다. 피츠로이는 H. M. S. 비글 호의 사령관이었다. 남아메리카와 태평양 섬을 함께 탐험할 지성인을 찾고 있던 그에게 그의 친구는 배에 태울 박물학자로 다윈을 추천했다. 다윈의 아버지는 앞으로 역사상 가장 영향력 있는 과학 탐험이 될 다윈의 여행을 반대하다 결국 재정 지원을 해주겠다는 약속과 함께 승낙했다.

1831년 12월 27일, H. M. S. 비글 호는 영국 플리머에서 항해를 시작했다. 다윈은 심한 배멀미로 첫 몇 주는 비좁은 방에서 해먹에 누워 지내야 했다. 하지만 시간이 좀 지난 후 안정을 되찾자 근간에 나온 찰스 라이엘(1797~1875)의 《지질학 원론》을 읽기 시작했다. 라이엘은 그 시대 과학자들이 가지고 있던 지구 역사에 대한 견해에 반대하는 입장이었다. 많은 과학자들은 성경에 묘사된 세계 창조 과정처럼 신이 약 6000년 전 지구를 만들었고 모든 생물은 지금과 비슷한 모습으로 창조되었다는 창조설을 믿었다. 하지만 대규모 토목공사나 동굴 탐험 등을 통해 많은 화석이 발견되었는데 화석으로 남은 생물은 현재 살고 있는 생물과는 전혀 다른 모습이었다. 따라서 화석은 현존하지 않는 생명체가 훨씬 전에 존재했다는 것을 보여주는 증거였다. 당시의 유명한 과학자였던 퀴비에는 생물이 신에 의해 창조되었다는 것을 굳게 믿고 있었다. 이에 그는 성경에 나타난 천재지변에 의해 생물이 멸종되었다고 설명하는 격변설을 주장했다. 화석은 예전에 신이 만든 생물들의 모습이 남은 것으로 설명했다. 이처럼 격변설 지지자들은 엄청난 지진이나 창세기에 묘사된 홍수 때문에 특정 종이 멸종됐으며 하나님의 마음에 드는 생물만이 살아남아 오늘날의 생물군을 이루고 있다고 믿었으나 라이엘은 이를 받아들이지 않았다. 그는 현재 지구의 모습은 수백만 년 동안 침식이나 화산 폭발이 누적되어 이루어진 결과라고 생각했다. 라이엘의 생각에 동의했던 다윈은 피츠로이에게 라이엘의 의견을 전했지만 피츠로는 신성모독이라며 화를 냈다.

1832년 1월 16일, 비글 호는 아프리카 북서쪽 해안의 카보베르데 섬에 닻을 내렸다. 다윈은 해안가로 뛰어내려 그에게 맡겨진 임무인 자연탐사를 수행했다. 피츠로이가 다윈의 열정에 감명받을 정도로 다윈은 쉴 새 없이 수많은 종류의 표본을 수집했고 관찰한 결과를 꼼꼼히 기록했다. 그 과정에서 다윈은 지구가 점차 변해갔다는 라이엘의 의견을 뒷받침하는 증거를 관찰할 수 있었다.

비글 호는 카나리아 제도의 테네리페 섬에 들렀다가 항해를 계속해 1832년 2월 28일 브라질에 도착했다. 다윈은 열대 우림의 다양한 생물과 유럽에서는 전혀 볼 수 없는 새로운 종을 보고 매우 흥미로워했다. 승무원들은 4월경에 리우데자네이루에 도착했고 다윈은 도시가 커지면서 주위 열대 우림이 파괴된 것을 알았다. 또한 학대받는 노예의 모습에 놀라게 된다.

피츠로이와의 의견 대립으로 자주 다투며 다윈은 처음에 생각했던 것처럼 둘이 잘 맞는 사이는 아니란 것을 깨달았다(대부분 피츠로이가 먼저 사과했다).

1832년 9월 23일 그들이 남아메리카의 동쪽으로 더 들어가 푼타 알타 해변을 탐험하던 도중 종류를 알 수 없는 큰 동물의 머리뼈를 발견했다. 주변의 흙을 치우고 관찰하는 데에는 무려 세 시간이나 걸렸다.

머리뼈를 자세히 관찰한 결과, 그것은 쥐목에 속하지만 코끼리만하고 현재 존재하는 캐피바라와 비슷한 멸종된 톡소돈이라는 동물로 밝혀졌다. 며칠 후 다윈은 6m 크기의 나무늘보 뼈를 찾았다. 다윈은 신이 왜 비슷한 동물을 만들었는지, 또한 신은 왜 큰 동물을 멸종시키고 큰 동물과 비슷하게는 생겼지만 더 작은 동물로 대체했는지 궁금하게 여겼다.

또 파타고니아에서 다윈은 2종의 서로 다른 특이한 형태의 타조를 관찰할 수 있었다. 다윈은 생물만 자세히 관찰한 것이 아니라 산, 계곡과 그 지역의 지리적 특성도 꼼꼼히 기록하였다.

1835년 2월에는 마을을 파괴시키고 거주자들을 죽음으로 몰고 간 큰 규모의 지진을 경험함으로써 다윈은 자연 재해가 어떻게 지구 표면과 생명체에 영향을 미치는지 직접 목격할 수 있었다.

1835년 9월 15일 H. M. S. 비글 호는 갈라파고스 제도에 도착했다. 에콰도르 서쪽 해안에서 800km 떨어진 곳에 12개 이상의 화산섬으로 이루어진 갈라파고스 제도는 수많은 낯선 동물들의 안식처였다. 이곳 동물들은 남아메리카 지역에서도 발견된 적이 없는 매우 희귀한 종들이었다. 갈라파고스 제도에서 발견된 가장 전설적인 동물은 자이언트 거북으로 보통 몸무게가 약 230kg, 몸길이는 2.4m나 된다. 갈라파고스 제도에는 서로 닮은 거북들이 많은데 사는 섬에 따라 조금씩 모양이 달랐다. 다윈과 그의 동료들은 거북 위에 쉽게 올라탈 수 있었다. 대원들에게 이 거대 거북들은 선사시대 동물처럼 보였다.

갈라파고스 제도에서 발견한 또 다른 유명한 종은 핀치라 불리는 되새다. 다윈은 13종의 서로 다른 작은 새를 관찰하고 그림을 그렸다. 이들 중 어떤 것은 남아메리카 대륙에 살고 있는 핀치를 닮았지만 몇몇 종들은 전혀 다른 부리 모양을 하고 있었다. 다윈은 그가 발견한 새들이 가장 큰 섬에 사는 새들과도 다를 뿐만 아니라 각각의 섬마다 서로 다른 특징을 가진다는 것을 알았다. 다윈은 서로 비슷한 섬에서 다른 종류의 새들이 산다는 것을 이상하게 여겼다. 그들은 모두 서로를 닮았지만 서로 다른 부리 모양을 하고 있었다. 그중 어떤 종은 분명히 씨앗이나 열매 껍데기를 깨 먹기 위한 용도로 부리가 발달했고 어떤 종의 부리는 과일이나 곤충을 먹기에 이상적으로 생겼다. 한 종은 딱따구리의 부리를 닮아서 나무 기둥에 속에 있는 애벌레를 먹기 편하게 발달했다. 다윈은 왜 신은 비슷하게 생겼지만 차이가 분명히 존재하는 수많은 종을 만들었을까, 다시 궁금해졌다. 그리고 신이 의도하지 않은 자연의 어떤 원리가 존재할 것이라는 추측을 하게 되었다.

1835년 말, 비글 호는 갈라파고스 제도를 떠나 태평양을 가로질러 오스트레일리아에 멈추었다. 왜 캥거루, 웜뱃, 왈라비들이 다른 지역에는 없고 오스트레일리아에만 사는지 궁금했던 다윈은, 이곳에서 생애 가장 중요한 자료들을 얻었지만 이와 함께 쉽게 풀리지 않는 궁금증을 가지게 되었다.

핀치새의 다양한 부리 모양

나뭇잎

과일/새싹

애벌레

도구를 이용

곤충

씨앗

다윈은 갈라파고스 제도의 각 섬마다 다윈의 핀치라는 다른 종류의 새들이 살고 서로 다른 부리 모양을 가진다는 것을 알았다. 부리 모양은 먹는 먹이에 알맞게 발달하였다.

혁명적인 이론

1836년 10월 2일, 배는 다시 영국으로 돌아왔다. 다윈은 아버지를 만나는 것이 걱정되었다. 이번 여행을 통해 자신이 성직자에 어울리지 않다는 사실을 깨달았던 것이다. 그의 영혼은 송두리째 과학에 집중되어 있었다. 하지만 다윈은 그의 아버지가 다윈의 박물학자로서의 업적을 자랑스럽게 여긴다는 사실을 알게 되었다.

아버지의 이해 속에 다윈은 성직자로서의 삶을 포기하고 여행기를 집필하는 작업에 착수했다. 다윈은 1839년, 《피츠로이 선장이 이끄는 H. M. S. 비글 호를 타고 여러 나라에서 얻은 지리학, 자연사 연구 논문》(1832~1836)을 발표했다. 이 책은 무척 잘 팔려서 대중에게 과학자로서의 다윈을 널리 알리는 계기가 되었다.

다윈은 다시 영국에서의 일상적인 삶으로 돌아왔다. 탐험에서 얻어 온 수많은 표본들을 정리하는 작업도 오래 걸렸다. 그는 자료를 정리하면서 왜 거북, 새, 타조, 뱀에서 그토록 많은 미묘한 차이가 존재하는지 의문을 다시 떠올렸다. 다윈은 아마도 공통 조상에서 수세대를 거치면서 같은 종이라도 여러 가지 차이가 누적되어 다양한 차이점이 나타났을 것으로 생각했다. 지구가 오랜 세월이 지남에 따라 모양이 바뀌듯이 동물들도 시간이 지남에 따라 몸에 변화가 일어난 것이다.

진화에 대한 개념은 다윈이 최초로 생각한 것은 아니었다. 사실 1770년대 다윈의 조부인 에라스무스 다윈이 《주노미아》를 출간했지만 세상은 아직 진화론을 받아들일 준비가 되어 있지 않았다. 아직 진화론을 뒷받침할 증거가 부족했고 또한 진화론의 존재를 증명할 방법을 알지 못했던 것이다. 하지만 더 중요했던 이유는 진화론이 성경의 가르침에 위배된다는 점이었다.

그 당시 많은 사람들은 신이 지구와 존재하는 모든 생물체를 창조했다고 믿었다. 다윈이 자신의 이론을 확실하게 하려면 진화에 반대하는 입장을 설득시킬 만한 합당한 설명이 필요했다. 그중 하나는 현재 사는 생물은 그들이 사는 환경에 완벽하게 맞추어져 있는데 만일 환경 변화가 생긴다면 환경에 적응하지 못해 멸종될 것이라는 주장이다. 다윈은 생물체가 현재 모습처럼 되기 위해 변화가 누적되었다는 것을 입증할 방법을 찾아야만 했다.

운이 좋게도 그는 몇몇 동료와의 토론을 통해 도움을 받았다. 동료 중에는 다윈의 진화론이 세상에 나오는 데 이론적 기초를 제공한 《지질학 원론》의 저자인 라이엘도 있었다. 이 둘은 좋은 친구가 되었다. 또 다른 친구인 존 굴드는 당시 존경받는 조류학자로, 다윈이 가져온 갈라파고스 핀치들이 같은 종이지만 조금씩 다른 모양으로 생긴 것이 아니라 완전히 다른 종이란 것을 확인해 주었다.

1838년까지 다윈은 부모와 자손이 어떻게 달라지는지 고찰하는 데 많은 시간을 보냈다. 한 부모에게서 나온 자손들은 미묘하지만 분명히 차이가 존재했다. 다윈은 이 미묘한 변화가 수천 세대에 걸쳐 축적되면 새로운 종이 생긴다고 생각했다. 그는 진화가 일어나는 과정이 마치 농부들이 자신이 원하는 특성을 가진 식물이나 동물

을 육종하기 위해 '인위 선택'을 하는 것과 비슷하다고 생각했다. 인
위 교배를 시키면 수세대를 거치면서 원하는 특성이 일어나는 빈도
와 정도가 늘어난다. 예를 들어 많은 농부들은 더 많은 양털을 생산
해내는 양을 만들기 위해 양털을 많이 생산하는 양끼리 교배시킨다.
다음 몇 세대가 지나면서 선택된 양의 새끼들은 더 많은 양털을 생
산하는 양으로 자라게 된다.

H. M. S. 비글 호 항해도

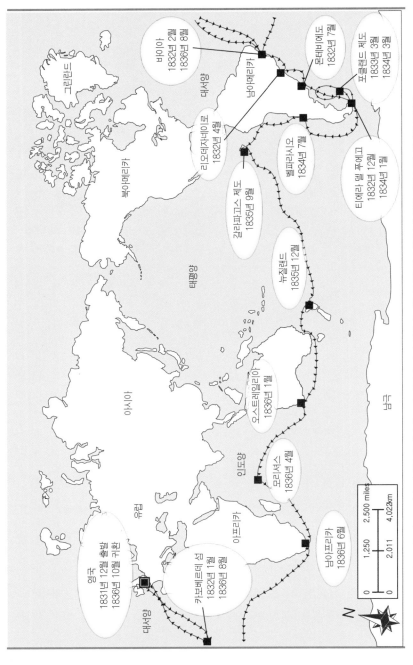

영국
1831년 12월 출발
1836년 10월 귀환

카보베르데 섬
1832년 1월
1836년 8월

북아메리카

그린란드

대서양

아시아

리오데자네이로
1832년 4월

남아메리카

아조어
1832년 2월
1836년 8월

몬테비데오
1832년 7월

포클랜드 제도
1833년 3월
1834년 3월

갈라파고스 제도
1835년 9월

벨파라이소
1834년 7월

티에라 델 푸에고
1832년 12월
1834년 1월

태평양

뉴질랜드
1835년 12월

오스트레일리아
1836년 1월

모리셔스
1836년 4월

인도양

남아프리카
1836년 6월

유럽

아프리카

남극

N

0   1,250   2,500 miles
0   2,011   4,022km

다윈은 H. M. S. 비글 호를 타고 5년간 세계를 항해하며 그의 이론인 자연 선택에 의한 진화론을 이끌어낼 여러 가지 관찰 결과를 얻었다.

다윈은 멸종의 이유에 대해서도 고민했다. 그는 생물의 멸종 원인을 기후 변화나 환경조건의 변동이 그들이 살 수 있는 환경을 바꾸었기 때문에 그 환경에 적응하지 못한 것으로 생각했다. 즉, 새로운 환경에서 살 수 있는 생물은 그 환경에서 살아남는 데 유리한 특징을 가진 것들이라는 설명이다. 자연은 적응하는 자손만 선택하는 것이다.

1838년 9월 다윈은 진화에 대한 그의 생각에 지대한 영향을 미칠 또 한 권의 책을 읽게 된다. 경제학자이면서 성직자였던 토머스 맬서스가 쓴《인구론》이었다. 맬서스는 왜 식물과 동물이 살아남을 수 있는 자손보다 더 많은 자손을 낳는지를 설명했다. 그는 어떻게 가난, 기근, 질병이 인구의 규모를 조절하는지와 인구에 대한 자신의 견해를 피력하였다. 인간 사회에서 식량이 증가하는 비율은 인구가 증가하는 비율을 따라가지 못하므로 인구가 무한정 늘어날 수는 없으며 질병, 굶주림 등이 인구수를 제한한다고 주장했다. 다윈은 이 책을 읽음으로써 생물이 바뀐 환경에 적응하기 위해 생존경쟁을 벌인다는 아이디어를 얻었다.

동물은 살아남는 수보다 더 많은 자손을 낳는다. 살아남은 동물들은 지속적으로 영토와 먹이를 위해 싸운다. 설사 그들이 어른이 된다 하더라도 교미를 위해 또 경쟁해야 한다. 다양한 자손들 중 그들이 사는 환경에 더 유리한 특징을 가진다면 번식할 기회가 높아진다. 자신이 처한 조건에 가장 적합한 동물이 생식을 통해 자신의 유리한 조건을 다음 세대에 전해주게 되는 것이다. 그래서 자손들은 자신의 부모에게 유리함을 안겨준 특징을 그대로 물려받는 것이다. 다시 말해 농부가 자신이 원하는 형질을 가진 동물과 식물을 선택적으로 육종하듯이 자연도 특정 환경에서 살아남고 번식하기에 유리한 동물을 선택하는 것이다. 다윈은 이 과정을 '자연 선택'이라고 불렀고 수천 세대에 걸친 진화는 이 방법을 통해 이루어진다고 믿었다. 다윈의 진화론은 과학계에 혁명을 가져왔지만 다윈은 이것을 책으로 출판하기를 주저했다. 워낙 혁신적인 이론인 까닭에 비판받을 것을 걱정했던 것이다.

새로운 이론의 발표 지연

다윈은 사촌인 엠마 웨지우드와 1839년 1월에 결혼해 런던에서 생활하며 상류층의 삶을 누렸다. 이들은 10명의 자녀를 낳았지만 7명만 살아남았다. 결혼한 지 얼마 되지 않아 다윈은 지속적인 두통, 피로, 수면증에 시달리기 시작했다. 현대 의사들은 그가 열대 풍토병인 샤가스 병에 걸렸을 것으로 추측했지만, 당시 의사들은 무슨 병인지 알지 못했다. 다윈의 가족들은 다윈의 요양을 위해 도심에서 벗어나 한적한 시골인 켄트 주로 옮겼다.

켄트 주로 옮긴 그해에 다윈은 자연 선택에 의한 진화론의 개요를 35쪽으로 정리했다. 1844년에는 230쪽으로 불어났지만 여전히 출간을 미루며 그뒤로도 8년간 더욱 연구에 매진했다. 엠마는 남편의 이런 행동을, 책이 출간되었을 때의 논란을 피하기 위한 방편으로 여겼다. 다윈은 진화론을 뒷받침해줄 적절한 증거와 논리가 있었지만 대중은 그들의 종교적 신념을 위배한다고 생각해 그를 비난할 것임을 알고 있었다. 부끄럼을 몹시 타는 성격에, 당시 육체적으로도 아픈 상태였던 다윈은 자신의 생각을 라이엘과 영국 식물학자인 조셉 후커에게 털어놨다. 그들은 다윈에게 더 증거를 모으고 그의 이론을 발전시키라고 용기를 북돋아줬다.

1856년까지도 다윈은 자신의 이론을 과학자들에게 밝히지 않았다. 하지만 라이엘과 후커가 다른 사람이 비슷한 논문을 출판하기 전에 먼저 발표해야만 한다고 설득하자 다윈은 출간을 준비하기 시작했다. 그들은 다윈의 20여 년간의 노력이 수포로 돌아갈 수도 있다고 걱정했다. 라이엘과 후커는 좀 더 빨리 일을 마쳐야 한다고 보챘지만 다윈은 철저하게 대비하고 싶어 했다.

그런데 1858년 7월 다윈은 당시 말레이 제도에서 연구하고 있던, 젊은 박물학자인 앨프레드 러셀 월리스로부터 편지를 받았다. 월리스 역시 말레이 제도와 동인도 제도를 탐사하고 아시아와 오스트레일리아의 동물 종류가 매우 다르다는 것을 알고 나서, 왜 이 생물들이 비슷한 곳에 살면서도 생김새가 다른지 궁금하게 생각했다. 종들이 어떻게 변해가는지, 즉 환경의 변화에서 살아남기 유리한 종을 선택하는 과정은 무엇인지에 대한 이론을 연구하던 그의 편지에는 《근원에서 무한히 벗어나는 다양화 경향에 대하여》란 제목의 논문이 들어 있었다. 월리스는 다윈에게 자신의 논문이 출간할 가치가 있는지 물어보고 싶었을 뿐이지만 다윈에겐 매우 충격적인 일이어서 마음의 동요를 잠재울 수 없었다. 월리스의 논문은 자신의 논문의 요약판과 같았다. 그는 라이엘과 후커에게 조언을 구했다.

1858년 7월 17일 그들은 월리스의 논문과 다윈의 논문을 린네 학회에 같이 제출하였다. 그리고 다윈과 진화론에 대해 12년도 넘게 의논해왔으니 다윈의 논문에 우선권이 있다는 후커의 주장에 놀랍게도 월리스는 동의하며, 다윈의 대변자가 되어 활발하게 활동했다.

성공과 논쟁

맹렬히 집필에 전념한 다윈은 1859년 3월 드디어 20만 쪽에 달하는 방대한 양의 원고를 탈고했다. 그해 11월, 《종의 기원: 자연 선택에 의한 종의 기원 또는 생명을 위한 투쟁에 있어서 좋은 종의 보존》이 출간되었다. 1,250부의 초판은 인쇄 첫날 모두 팔렸다. 《종의 기원》은 엄청난 베스트셀러가 되어 1868년까지 5판이나 찍었다. 《종의 기원》은 크게 세 부분으로 나뉘어 진화론에 대해 자세히 설명하고 있었다. 첫 번째 파트는 유리한 종의 자연 선택 과정을 설명하고, 두 번째 파트는 진화론에 반대하는 논란을 반박하기 위한 것으로 이루어져 있다. 세 번째 파트는 진화론이 그동안 설명할 수 없었던 현상에 대해 명쾌한 답을 제공한다. 《종의 기원》은 다윈의 이론인 자연 선택에 의한 진화론을 구체적으로 뒷받침해 주었다.

진화론을 뒷받침하는 적절한 논리와 수많은 증거가 있었지만 그

ON

THE ORIGIN OF SPECIES

BY MEANS OF NATURAL SELECTION,

OR THE

PRESERVATION OF FAVOURED RACES IN THE STRUGGLE FOR LIFE.

By CHARLES DARWIN, M.A.,

FELLOW OF THE ROYAL, GEOLOGICAL, LINNÆAN, ETC., SOCIETIES;
AUTHOR OF 'JOURNAL OF RESEARCHES DURING H. M. S. BEAGLE'S VOYAGE
ROUND THE WORLD.'

LONDON:
JOHN MURRAY, ALBEMARLE STREET.
1859.

다윈의 《종의 기원》은 1859년 판매 첫날 초판 1,250부가 모두 팔렸으며 100년 이상이나 격렬한 논쟁의 대상이 되고 있다.

의 이론은 맹렬한 비판을 받아야만 했다. 유명한 과학자들, 예를 들어 다윈의 지도교수였던 세즈윅, 영국 동물학자 리처드 오웬, 스위스 계 미국인 박물학자 루이스 아가시 모두 다윈과 그의 이론에 분개했다. 다윈은 결과를 미리 예측했었지만 실은 몹시 불편했다.

다행히 다윈은 비난에 맞대응할 수 있는 유능하고 공격적인 친구들이 있었다. 그중 한 명인 토머스 헨리 헉슬리(1825~1895)는 유명한 생물학자이면서 교육자였다. 또한 훌륭한 연설가였기 때문에 주교 새무얼 윌버포스의 토론 제의를 기꺼이 받아들였다.

이 유명한 토론은 1860년 6월 30일 옥스퍼드 대학교에서 개최된 연례 모임인 '진보 과학을 위한 영국 학술회'에서 700여 명의 초조한 참석자 앞에서 시작되었다. 윌버포스가 먼저 진화론과 다윈을 향해 비판의 포문을 열었다. 그의 연설은 대부분 개인적인 의견에 지나지 않았다. 윌버포스는 헉슬리에게 당신의 조부모 중 어느 쪽이 원숭이의 후손이냐고 비아냥거리며 연설을 마치자 윌버포스를 지지하는 청중은 박수를 보내고 환호성을 질렀다.

연단에 오른 헉슬리가 입을 열었다. 그는 윌버포스의 연설에 새로운 사실은 없었고 다윈의 이론을 전혀 이해하지 못한 것 같다고 했다. 헉슬리는 자연 선택에 의한 진화론의 합리성을 말끔하게 설명했으며 또한 말미에는 신이 선물한 지적 능력을 가지고도 진실을 왜곡하고 진지한 과학 토론의 결과를 조롱하는 사람과 관계를 맺느니 차라리 원숭이의 후손이 되는 게 나을 것이라고 했다. 청중은 걷잡을 수 없이 흥분했다. 기절하는 사람도 있었으며 피츠로이 선장은 성경을 허공에 휘두르며 다윈을 맹렬하게 비난했다.

계속해서 후커가 조용히 단에 올라 연설을 시작했다. 후커는 윌버 포스의 주장을 조목조목 반박하여 진화론에 대한 논쟁에 우세를 이끌었다. 하지만 그 후로도 논쟁은 계속되었다. 그리고 다윈은 자신의 생각을 옹호하는 것을 포기하고 다운 하우스의 정원에서 시간을 보내는 쪽을 선택했다. 다윈은 일부러《종의 기원》에서 인간의 진화 및 조상에 대한 언급을 피했지만, 결국 이 주제는 진화론과 창조론 사이에서 논쟁의 쟁점이 되었다.

1867년 다윈은《인간의 유래》를 써서 진화설을 왜곡하는 설명들에 정면으로 반박했다. 다윈은 인류와 유인원은 같은 조상에서 진화한 것이지 유인원에서 인류가 진화했다고 생각하는 것은 잘못이라고 하였다. 이것은 1871년 책으로 출간되었다. 다윈은 이 책을 펴낸 뒤 한동안 더 많은 공격을 받긴 했지만《종의 기원》처럼 커다란 논쟁을 일으키진 않았다. 세계의 많은 과학자들 사이에서는 이미 진화론이 받아들여지기 시작했던 까닭이다.

다윈의 여생은 평온했다. 그는《인간과 동물의 감정표현》(1872), 《식충 식물》(1875),《덩굴 식물의 움직임과 특성》(1875) 등 많은 책을 저술했다. 또한 자신의 아이들을 위해 1876년에는 자서전을 썼고 가족들과 행복한 시간을 보냈다. 이 시기에는 젊은 날 그렇게 다윈을 힘들게 했던 설명할 수 없었던 병도 사라졌다.

1881년 12월 다윈에게 급작스러운 심장마비가 왔다. 이듬해 4월 19일, 두 번째 심장마비가 왔고 다윈은 생을 마감하였다.

다윈은 런던 왕립학회 위원이었고 1864년에는 코플리 메달도 받았지만 영국 교회에 어긋나는 이론을 주장했기 때문에 정부로부터는 어떤 공식적인 인정도 받지 못했다. 하지만 그가 죽은 후 의회는 다윈을 웨스트민스터 사원의 아이작 뉴턴 옆에 안치하자고 제안했다.

　　오늘날 찰스 다윈의 이름을 들으면 대부분의 사람들은 진화론을 떠올린다. 아직도 보수적인 기독교인들은 진화론을 비난하고 학교에서 진화론을 가르치는 것을 막으려 한다. 또한 진화론에 대해 부정적인 감정을 가진 많은 사람들은 공교육에서 진화론을 가르치지 말아야 한다고 주장한다. 하지만 과학 사회에서는 자연 선택에 의한 진화론이야말로 생명과학을 묶어주는 고리라고 생각한다. 유명한 유전학자인 테오도시우스 도브잔스키의 말을 빌리면 "진화에 비추어 보지 않는다면 생물학은 전혀 말이 안 됩니다"라고 할 정도로 생물학에 진화론이 미친 영향은 매우 크다.

앨프레드 러셀 월리스

앨프레드 러셀 월리스는 1823년 1월 생으로 영국인 탐험가이자 다윈과 공통점이 많은 박물학자였다. 그들은 비슷한 어린 시절을 보냈다. 월리스 역시 자신에게 맞는 직업을 찾기 위해 오래 고민했으며 과학 탐험의 항해 뒤에 명성을 얻었다. 월리스는 남아메리카에서 표본을 얻는 데 4년을 보냈지만 불행히도 배가 불타 가라앉으면서 많은 표본을 잃어버렸다. 《아마존과 리오 니그로 탐험기》(1853)를 펴내 명성을 얻기 시작한 월리스는 말레이 제도현 인도네시아와 말레이시아 부근를 탐험하고 125,000개가 넘는 동식물 표본을 얻었다. 이 탐험 때 다윈에게 진화론에 관련된 편지를 썼었다.

동쪽 섬과 서쪽 섬에 서로 너무나도 다른 종들이 분포한다는 사실에 놀란 월리스는 그들의 다양성과 지리적 분포를 세심히 연구했다. 그리고 그 결과에 따라 다윈과 마찬가지로 자연 선택에 의한 진화론을 쓰게된 것이다. 또한 월리스 역시 다윈처럼 맬서스가 쓴 《인구론》에 영향을 받아 이론을 세웠다. 하지만 월리스는 자신의 생각을 쓰는 데 시간을 낭비하지 않았다. 월리스는 다윈 또한 자신과 같은 생각을 할 것이라고는 상상도 하지 못한 채 평소 존경하던 다윈에게 편지를 쓴 것이었다. 결국 두 사람 모두 자연 선택설을 발전시키는 데 공헌한 점을 인정받고 있지만 다윈의 명작 《종의 기원 : 자연 선택에 의한 종의 기원 또는 생명을 위한 투쟁에 있어서 좋은 종의 보존》 때문에 다윈이 더욱 널리 알려지게 되었다.

그러나 생물학에 끼친 월리스의 공로를 기념하여 아시아에서 오스트레일리아와 뉴기니의 동물군을 분리하는 가상적인 선에 월리스의 이름을 붙였다. 현대 지리학자들은 월리스의 선이 지각의 경계와 일치한다는 것을 확인했다. 월리스는 1913년 11월 7일 생을 마감하였다.

1809	영국 스로즈버리에서 찰스 다윈 출생
1818	스로즈버리 학교 입학
1825~27	스코틀랜드 에든버러 대학교 의과대학 입학
1828~31	성직자가 되기 위해 영국 케임브리지 대학교 입학
1831~36	비글 호를 타고 세계를 탐험함
1839	《피츠로이 선장이 이끄는 H.M.S. 비글 호를 타고 여러 나라에서 얻은 지리학, 자연사 연구 논문》 출간 (1832~1836) 런던 왕립학회 위원으로 선출됨
1842	켄트 주 다운 하우스로 이사. 35쪽의 진화론의 초안 작성
1844	종의 기원에 대한 이론을 230쪽으로 정리함
1846~54	따개비류 연구

1858	앨프레드 월리스의 논문을 받고 공동 명의로 린네 학회에 제출. 다윈이 우선권을 가지고 출간
1859	《종의 기원 : 자연 선택에 의한 종의 기원 또는 생명을 위한 투쟁에 있어서 좋은 종의 보존》 출간. 출간 첫날 초판 1,250부 모두 팔림
1860	옥스퍼드에서 헉슬리와 윌버포스 토론
1871	《인간의 유래》 출간
1882	켄트 주에서 4월 심장마비로 죽음. 웨스트민스터 사원에 묻힘

내가 무덤에서 일어나면
내 뒤에 온 사람들 사이에서
나의 기술이
평화롭게 번성하고 있음을
즐겁게 목격하리라.

Chapter 5

유전학의 아버지,

그레고어 멘델

캬~
자~알
자란다.

Gregor Mendel
(1822~1884)

모든 사람은 알게 모르게 어떤 식으로든 유전을 실험하면서 산다. 사람들은 모두 유전에 의해 생겨난 산물이기 때문이다. 자식은 '생물학적 부모'로부터 유전자를 받아 태어난다. 가족들끼리 닮기도 하지만, 또 전혀 닮지 않는 이들도 있다. 또한 어떤 유전 형질은 자식 세대인 한 세대를 건너뛰고 다음 세대에서 나타날 때도 있다. 사람들은 사람의 특정 형질들이 어떻게 몇천 년 동안 부모에게서 자식으로 유전되는지, 또 사람뿐만 아니라 가축이나 식물에서도 이런 유전 형질이 나타나는지 궁금하게 생각했다.

　　오스트리아의 수도사인 멘델이 최초로 형질의 유전을 체계적으로 조사하고, 수학을 이용해 결과를 해석했다. 그레고어 요한 멘델은 정교하게 고안된 완두의 수분 실험을 위해 7년을 보냈고 그 결과, 유전의 기본 법칙을 발견했다. 그는 찰스 다윈이 자연 선택에 의한 진화론을 출간한 지 몇 년 후 자신의 이론을 정립했다. 멘델의 이론이 다윈의 진화론에서 설명할 수 없는 많은 의문들을 설명해 줄 수 있음에도 그의 이론은 35년간이나 알려지지 않았다. 멘델의 이론이 재발견되었을 때 이는 유전 원리를 연구하는 생물학 분야가 발전하는 계기가 되었다. 그러한 이유로, 멘델은 '고전 유전학의 아버지'로 불린다.

시골 농부의 아들

요한 멘델은 1822년 7월 22일, 합스부르크 제국의 하인첸도르프(현재 체코공화국의 하이첸)에서 1남 2녀 중 둘때로 태어났다. 그의 아버지인 안톤은 오스트리아의 군인이자 소작농이었고 어머니인 로진은 정원사의 딸로 아들에게 식물에 대한 사랑을 가르쳤다. 1833년 요한의 학교 선생님은 멘델의 부모님에게 집에서 26km 떨어진 레이프니크(현재의 리프니크) 근처의 피아리스트 학교에 보낼 것을 권유했다. 그리고 이곳에서도 뛰어난 재능을 보였기 때문에 1834년 집에서 35km 떨어진 트로파우(오파바)에 있는 김나지움에 입학했다.

요한은 교사가 되기를 원했다. 당시에 교사가 되기 위해서는 김나지움의 6년 과정을 마친 후, 대학에 들어가기 전 2년간 철학 공부를 해야 했는데 그의 부모님은 더이상 학비를 댈 능력이 없었다. 아버지가 다쳐서 농장 일을 도울 사람도 필요했다. 부모님은 요한이 집으로 돌아와 농부가 되기를 원했지만 집안의 사정에도 불구하고 요한은 학업을 계속하는 쪽을 선택했다.

그의 여동생이 결혼 지참금의 일부를 학비로 대준 덕분에 요한은 학업을 계속할 수 있었다. 그는 가정교사를 해서 돈을 모아 1841 년 올뮈츠(현재의 올로무크)에 있는 철학연구소에 들어갔는데 이곳에 서 자연과학에 관심을 가졌다. 2년 후에는 대학에 들어갔으나 어렵 게 생활을 꾸려나가는 데 지쳐서 모라비아 지역의 중심지인 브륀(현 재의 브르노)에 있는 성 토머스 수도원에 들어가기로 결심했다. 당시 사회는 공부는 잘하지만 가난한 학생들이 수도원에 들어가는 것이 보편적인 일이었다. 지도교수의 추천장 덕분에 멘델은 수도원에 면 접 없이 들어갈 수 있었다.

실망과 실패

요한 멘델은 1843년 10월에 견습 수도사 생활을 시작하면서 이 름을 그레고어로 바꾸었다. 견습 기간 동안 멘델은 대부분 고전 과 목을 공부했으나 여가 시간에는 식물과 광물에 관한 연구를 했다. 또한 브르노 경제의 기본이 되는 양 목축, 과일 경작 등과 같은 농업 과학도 공부했다. 수도원의 원장인 C. F. 나프는 수도원 내에 연구 를 위한 정원을 만들어 그의 연구를 지원했다.

1847년 멘델은 정식 수도사가 되었고 1848년까지 계속 신학을 공부해 수도원 지역교구의 신부가 되었다. 당시 지역교구의 신부는 그곳에 사는 병들고 가난한 교구민을 돌보는 일을 했다. 그러나 멘델은 너무 부끄러움이 많아 사람들 만나는 것을 부담스러워했고 감수성이 풍부해 아프고 고생하는 교구민을 볼 때마다 같이 괴로워했기 때문에 신경과민으로 고생했다. 나프는 이런 그를 불쌍히 여겨 남모라비아의 쯔노이모(쯔나임)에 있는 학교에서 고전과 수학을 가르치는 임시 교사 역할을 맡았다. 멘델은 이런 기회를 가진 것에 대해 무척 기뻐했다. 그는 자연사 과목을 맡아 부지런한 교사로서의 재능을 발휘해 쯔노이모 김나지움의 대리 교사 역할을 잘 해냈다.

그는 정식 교사가 되기를 원했지만 정식 교사가 되려면 자격 시험에 통과해야만 했다. 그러나 교사 자격증을 얻는 것은 쉽지 않았다. 물리학과 기상학 시험은 잘 봤지만 동물학과 지질학 시험에서 떨어졌기 때문이다. 그로 인해 잠시 실망했지만, 학생들에게 인기가 많았던 멘델은 이듬해 브르노 기술학교에서 몸이 아픈 자연사 교사를 대신해 수업을 하게 되었다. 브르노에 있는 동안 멘델은 농업협회의 자연과학 분과의 예비 회원이 되었다.

멘델이 스물아홉이 되었을 때 나프는 멘델을 비엔나 대학으로 보내 교사 시험을 준비할 수 있도록 해주었다. 1851년에서 1853년 동안 멘델은 주로 물리학을 공부했고 그 밖에 수학, 화학, 동물학, 식물학, 식물생리학, 고생물학 등도 섭렵했다. 그는 특히 식물학과 식물 교배에 관심이 많았는데 이는 장차 유전 연구에 큰 도움이 되었다. 물리학과 수학 또한 훗날 그의 연구에 많은 영향을 미쳤다. 그는 물리학에서 자연 법칙의 단순함을 알게 되었고 수학에서는 확률 이론을 사용해 통계 분석을 하는 것을 배웠다.

비엔나에서의 공부를 마친 후, 그는 1853년 7월 다시 수도원으로 돌아왔다. 왜 그가 즉시 교사자격시험을 보지 않았는지는 알려져 있지 않다. 그는 레알슐레라는 기술학교에서 14년간이나 물리학과 자연사를 가르쳤으며 자연과학 수집품을 담당했다. 분화된 식물상에 대한 그의 전문가적 지식은 매우 놀라웠고 그는 종종 학생들과 함께 식물 답사를 나갔다. 교사 자격 없이도 계속 가르칠 수 있었지만 정식 교사에 비해 봉급은 절반밖에 되지 않아 멘델은 1855년 다시 교사자격시험에 응시했으나 신경과민으로 인해 다시 실패했다.

유전의 비밀을 밝히다

멘델은 수도원에서 여가 시간을 이용해 일련의 독립적인 연구를 시작했다. 1850년대 초, 그는 특정 형질이 어떻게 세대간에 전달되는지 알아보기 위해 완두의 인공 수분 실험을 시작했다. 1854년에는 후에 자연과학협회로 바뀌는 브르노 농업협회의 자연과학 분과의 정식 회원이 되었다. 식물 교배의 경제적 측면은 당시 이 협회에서 가장 이슈가 되는 주제였다. 농부들은 육종 연구를 통해 품종을 개량하는 데 관심이 많았다. 이에 멘델은 세대간 형질이 어떻게 전달되는지 알아볼 목적으로 실험을 하게 되었다. 이 실험 결과로 유전의 법칙을 이끌어내고 이것이 유전학 분야의 기본이 되었다. 멘델은 1865년 2월과 3월, 자연과학협회에서 자신의 연구 결과를 설명했다.

멘델은 교배 실험에 완두를 선택했다. 기르기 쉽고 수분을 간편하게 조절할 수 있으며 구별하기 쉬운 여러 가지 형질을 가지고 있는데다 '잡종'도 번식 능력이 있었기 때문이다. 잡종이란 서로 다른 변종이나 종 사이의 교배에 의해 생기는 식물의 새로운 변종이다.

멘델은 2년간 34가지 완두 변종을 교배하여 자가수분을 하면 특정 형질이 한 세대에서 다음 세대로 계속 전달된다는 것을 확인했다. 분석을 위해 선택된 7가지 형질

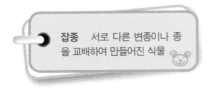

잡종 서로 다른 변종이나 종을 교배하여 만들어진 식물

은 씨의 모양, 씨의 색깔, 꽃의 색깔, 콩깍지의 모양, 콩깍지의 색깔, 꽃의 위치, 줄기 길이였다. 멘델은 우연에 의해 생기는 오차를 줄이기 위해 방대한 양의 데이터를 모았다. 7년간 그는 3만 그루의 완두를 재배하고 연구했다.

한 쌍의 유전 형질에 대한 연구를 하는 동안 멘델은 체계적으로 수분을 했다. 먼저, 둥근 씨가 생기는 완두에서 핀 꽃의 암술머리에 주름진 씨가 생기는 완두 꽃가루를 수분시켰다. 수분 결과 나온 씨는 모두 둥글었다. '상반 교배'를 했을 때, 즉 주름진 씨가 생기는 완두에서 핀 꽃의 암술머리에 둥근 씨가 생기는 완두 꽃가루를 수분시켰을 때에도 같은 결과가 나왔다(초기 교배에서 나온 잡종 자손을 F1 세대라고 한다). 다음으로는 잡종 자손의 둥근 씨를 심은 다음 자가수분을 했다. 자가수분 결과 5,474개의 둥근 씨와 1,850개의 주름진 씨가 나왔다(잡종의 자손을 F2 세대라고 한다). 주름진 씨는 F1 세대에서 사라진 것처럼 보였지만 F2 세대에서 다시 나타났다.

멘델은 첫 번째 교배 시 F1 세대에서 나타난 형질을 '우세한'(지금은 '우성'이라고 부르는)이라고 불렀고 사라진 형질을 '**열성**'이라고 불렀다.

멘델은 다른 여섯 가지 형질에 대해서도 같은 종류의 실험을 했고 비슷한 결과를 얻었다. 모든 경우에서 형질 중 한 가지는 우성이고 다른 하나는 열성이었다. 더 놀라운 것은 모든 잡종 F2 세대 자손은 우성 대 열성 형질의 비가 3:1로 나타난다는 것이었다. 이러한 발견은 매우 중요했다. 그동안의 많은 과학자들이 유전되는 형질은 부모의 형질이 섞인 형태로 나타난다고 믿었기 때문이다. 이런 학설을 **혼합설**이라고 한다. 이 결과는 부모의 형질이 잡종에서 전혀 섞이지 않는다는 것을 분명하게 보여주었기 때문에 혼합설은 틀린 이론이라는 것이 증명되었다.

멘델은 여기에서 멈추지 않고 F2를 자가수분하여 F3 세대로 나온 모든 자손을 꼼꼼하게 조사했다. 이 결과에서 관찰된 형질이 3:1로 나온다는 것을 발견하고 '**표현형**'은 실제로는 1:2:1의 비를 내포하고 있음을 알게 되었다. 그는 각 형질이 한 쌍의 다른 단위(오늘날 '대립 유전자'라고 부르는)로 구성되어 있다고 결론을 내렸다. 각각의 부모는 자손에게 자신의 형질 한 단위를 줄 수 있다. 이 형질은 수분하는 동안 배우자라고 불리는 생식 세포에 의해 자손에게 전달된다. 각각

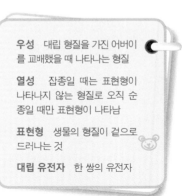

우성 대립 형질을 가진 어버이를 교배했을 때 나타나는 형질

열성 잡종일 때는 표현형이 나타나지 않는 형질로 오직 순종일 때만 표현형이 나타남

표현형 생물의 형질이 겉으로 드러나는 것

대립 유전자 한 쌍의 유전자

형질	우성의 수	열성의 수	총계	우성:열성 비
씨의 모양	5,474	1,850	7,324	2.96 : 1
씨의 색깔	6,022	2,001	8,023	3.01 : 1
씨 껍질의 색깔	705	224	929	3.15 : 1
콩깍지의 모양	882	299	1,181	2.95 : 1
콩깍지의 색깔	428	152	580	2.82 : 1
꽃의 위치	651	207	858	3.14 : 1
줄기의 길이	787	277	1,064	2.84 : 1

멘델은 그가 실험한 7가지 형질의 잡종에서 우성과 열성의 분리비가 3 : 1로 나오는 것을 관찰하였다.

의 부모는 특정 형질에 대해 두 개씩의 대립 유전자를 가지고 있는데 부모로부터 특정 대립 유전자를 자손에게 물려줄 수 있는 기회는 50%이다.

멘델은 오늘날에도 여전히 사용되고 있는 알파벳 기호법을 고안했다. 각 단위, 혹은 대립 유전자는 문자로 표현된다. 예를 들어 그는 씨의 모양 형질을 나타내기 위해 알파벳 A를 사용했다. 대문자 A는 유성 유전자를 나타내는데 이 경우에는 둥근 형질을 나타내는 것이었다. 소문자 a는 열성 형질을 나타내는 기호로 주름진 형질을 나타낸다. 각각의 완두는 모두 씨가 둥근지, 주름져 있는지를 나타내는 한 쌍의 대립 유전자를 가지고 있다. 완두는 세 가지의 '**유전자형**'을 가지고 있다. 즉, AA, Aa, aa에서 같은 대립 유전자(AA, aa)를 가

완두의 교배

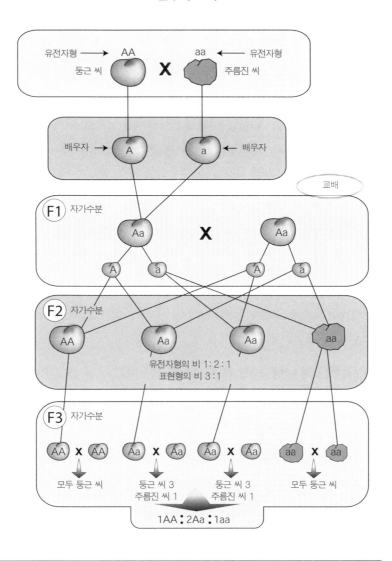

멘델은 부모를 교배하여 잡종 F1을 얻었고 F1을 자가수분하여 F2 세대를 얻었다. 자가수분을 통해 부모의 유전자형을 밝혀냈다.

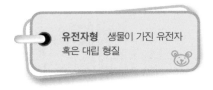

진 개체를 '순종'이라고 부르며 다른 대립 유전자(Aa)를 가진 개체를 '잡종'이라고 부른다. 잡종 유전자형을 가진 개체는 항상 우성 표현형으로 나타난다. 즉, Aa 유전자형을 가진 식물은 둥근 씨만 생긴다.

그는 기호와 전문 용어를 사용함으로써 완두 교배 결과를 더 쉽게 표현할 수 있었다. 그는 유전자형이 모두 같음을 의미하는 '순종계' 식물을 사용했다. 그가 각각 다른 AA×aa의 순종을 교배했을 때 모든 자손은 하나의 우성 유전자와 하나의 열성 유전자를 물려받았다. 그러므로 모든 잡종 F1 세대는 둥근 표현형을 가지고 Aa의 유전자형을 갖는다.

두 번째 교배에서 멘델은 F1 세대의 잡종을 이용했다. 각각의 개체는 두 가지 유전자를 모두 가지고 있으며 우성 유전자와 열성 유전자는 자손에게 전달된다. 이는 F2 세대에서 AA, Aa, aa의 3가지 유전자형으로 나타난다. AA와 Aa 유전자형은 둥근 표현형으로 나타나나 두 개의 열성 유전자가 모인 개체 aa는 한 세대를 건너뛴 후 주름진 씨의 표현형으로 다시 나타난다. F2 세대의 표현형의 분리비는 둥근 모양:주름진 모양=3:1로 나타나게 된다. 멘델은 3:1의 표현형 비에 숨어 있는 1AA:2Aa:1aa 유전자형 비를 밝혀냈다.

유전자형을 확인하기 위해 멘델은 열성 순종 어버이와 잡종을 역교배했다. 역교배란 교배에 의해 생긴 잡종 제1대와 교배에 사용된 어버이 중 어느 한쪽과의 교배를 말한다. 열성의 순종 어버이는 자손에게 오직 열성 형질만을 물려주기 때문에 열성 표현형을 나타내는 자손은 잡종인 어버이를 가진 것이다.

그는 상호교배를 실시해 첫 번째 교배에서의 여성 유전자형은 두 번째 교배에서의 남성 어버이의 유전자형과 마찬가지로 나타난다는 것을 밝혀냈다. 수분에서 사용된 표현형(혹은 유전자형)은 전혀 문제가 되지 않았으며 결과는 항상 같았다. 일련의 실험을 통해 '분리의 법칙'이 나왔다. 분리의 법칙은 대립 유전자 쌍이 배우자를 만드는 동안 나뉘었다가 수정 시 배우자가 만나는 동안 다시 쌍을 이루게 된다는 것을 의미한다.

이 영리한 과학자는 동시에 두 가지 형질의 유전을 연구한다면 어떤 결과가 나올지 궁금해했다. 그는 씨의 모양과 색깔을 가지고 교배 연구를 시작했다. 씨의 색깔은 노란색과 녹색이 있었는데 노란색이 우성 형질이고 녹색이 열성 형질이었다. 따라서 노란색 형질을 대문자 B, 녹색 형질은 소문자 b로 나타냈다.

멘델은 둥글고 노란 완두(AABB)를 주름지고 녹색인 완두(aabb)와 교배했다. 기대했던 대로 잡종 F1의 유전자형은 AaBb였으며 자손의 표현형은 우성인 둥글고 노란 형태로 나왔다. 두 형질을 모두 가진 잡종 자손을 다시 자가수분하였다. 이렇게 두 가지 형질을 가진 개체를 교배하는 방법을 양성교배라고 불렀다. 멘델이 이 실험을 했을 때, F2 세대에서는 네 가지의 다른 표현형이 '둥글고 노란 완두:둥글고 녹색 완두:주름지고 노란 완두:주름지고 녹색 완두 = 9:3:3:1'로 나타났다. 각각의 형질로 나누었을 때 두 형질은 여전히 3:1의 표현형으로 나타났다.

    F2 세대의 유전자형에 대한 정보를 얻기 위해 그는 다시 자가수분을 했다. 이 실험으로부터 F2 세대에는 각각 다른 9가지의 유전자형이 AABB:AABb:AAbb:AaBB:AaBb:Aabb:aaBB:aaBb: aabb=1:2:1:2:4:2:1:2:1로 나타난다는 것을 알았다. 각 형질은 단성 교배와 마찬가지로 독립적으로 유전됐다. 한 가지 형질의 대립 유전자의 유전은 두 번째 형질의 유전자의 유전에 어떤 영향도 끼치지 않았다. 그는 이와 유사한 실험을 다른 형질을 가진 완두를 대상으로 실험했다. 매번 이 형질들은 F2 세대에서 9:3:3:1의 표현형과 1:2:1:2:4:2:1:2:1의 유전자형으로 나타났다. 이러한 관찰로부터 멘델은 '독립 유전의 법칙'으로 알려진 결과를 얻었다. 독립 유전의 법칙은 각각의 대립 유전자들이 배우자를 만드는 동안 **독립적으로 분리된다**는 것이다. 오늘날 우리는 이 법칙이 두 형질이 서로 다른 염색체 혹은 같은 염색체라도 서로 멀리 떨어진 경우에만 적용된다는 것을 알고 있다.

    1865년 멘델의 강연은 이듬해 자연과학협회의 회보로 출간되었다. 그러나 강연과 그의 논문은 흥미를 끌지 못했다. 멘델의 논문이 실린 학회지가 그리 유명하지 않았던 데다가 논문의 내용 또한 대중에게 흥미를 불러일으키지 못했기 때문이다. 게다가 협회의 회원뿐만 아니라 다

> **독립적으로 분리된다** 각 대립 유전자는 생식세포가 만들어지는 동안에 독립적으로 분리되어 나누어진다는 유전의 법칙으로, 두 유전자가 서로 다른 염색체 상에 있거나 같은 유전자에 있더라도 서로 멀리 떨어진 경우에만 성립함

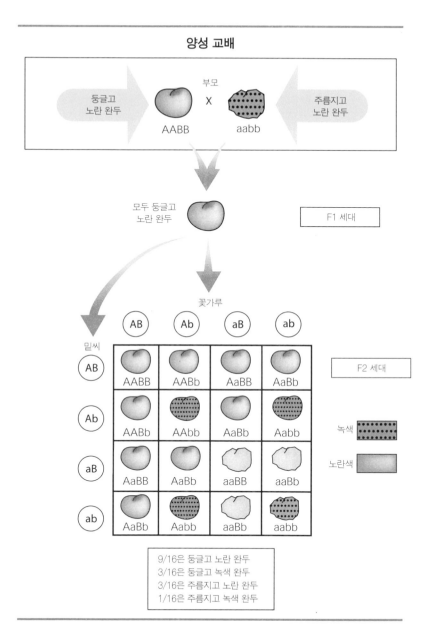

양성 교배

둥글고 노란 완두 → 부모 ← 주름지고 노란 완두

AABB X aabb

모두 둥글고 노란 완두 — F1 세대

꽃가루

AB   Ab   aB   ab

밑씨

AB

	AB	Ab	aB	ab
AB	AABB	AABb	AaBB	AaBb
Ab	AABb	AAbb	AaBb	Aabb
aB	AaBB	AaBb	aaBB	aaBb
ab	AaBb	Aabb	aaBb	aabb

F2 세대

녹색

노란색

9/16은 둥글고 노란 완두
3/16은 둥글고 녹색 완두
3/16은 주름지고 노란 완두
1/16은 주름지고 녹색 완두

양성 교배의 9 : 3 : 3 : 1 의 표현형 비는 한 유전자의 대립 형질이 다른 유전자의 대립 형질과 독립적으로 나뉜다는 것을 증명했다.

른 과학자들도 멘델의 연구에 적용된 수학적인 방법을 이해하지 못했다. 당시의 생물학 연구는 자세히 관찰한 결과를 기록하는 방식이지 통계학을 사용하는 것은 아니었기 때문이다. 진화론자인 찰스 다윈도 이 논문의 사본을 받았지만 그는 평생 읽어보지 않았다.

〈식물 잡종에 관한 실험〉이라는 논문에 실린 결론을 요약하면 다음과 같다.

▶ 유전 결정요소는 각각 별개로 존재한다. 오늘날 이 유전 결정 요소는 유전자로 알려져 있다.

▶ 유전자는 쌍으로 존재한다. 각 어버이는 특정 형질에 대한 유전자를 가지고 있는데 각각 두 개의 대립 형질을 갖는다.

▶ 대립 형질은 우성과 열성, 두 가지 형태로 존재한다. 각 개체는 같은 형태의 대립 형질을 가지고 있거나 각각 한 가지씩을 가지고 있다.

▶ 유전자 쌍은 배우자를 만드는 동안 반으로 나뉜다. 결과적으로 각각의 배우자는 하나의 유전자만을 가진다.

▶ 배우자의 결합은 임의로 일어난다.

이러한 개념들이 유전학의 기본 원리를 만든다. 물론 유전학이 하나의 학문 분야로 자리잡으면서 멘델의 이론 중 몇몇 부분은 수정되긴 했지만, 이제까지 발견된 많은 유전 현상을 설명할 수 있는 가장 간단한 지침이다.

기상학과 벌

멘델은 식물 교배의 권위자로 알려졌지만 이외에 기상학 분야의 권위자로도 유명했다. 그는 비엔나 기상학협회의 회원으로 매일 수도원에서 관측을 하였다. 1857년, 그는 기온, 강수량, 기압, 오존 수치 등을 포함한 데이터뿐만 아니라 굴뚝에서 나오는 연기에 따른 바람의 세기와 탑 근처 깃발에 의한 바람의 방향 등을 기록하였다. 그리고 이 결과를 알기 쉽게 기록하여 1862년 자연과학협회에서 발표했다. 그래프를 이용한 요약은 다른 아마추어 기상학자들 사이에 대유행이 되었다. 멘델은 농부를 위한 기상 관측에도 통계 분석을 사용하기 좋아했다. 토네이도의 원인을 기술한 1870년의 논문에서도 그가 기상학에 과학적인 분석방법을 시도했음을 알 수 있다.

1863년 멘델은 브르노 농업협회의 회원이 되었다. 1868년에는 나프 수도원장의 뒤를 이어 수도원장으로 선출되었다. 그는 더 이상 여러 가지 일에 매달리지 않고 연구에만 전념할 수 있는 시간이 더 많이 생겼다고 생각했지만 그의 지위에 따른 의무는 매우 많았기 때문에 예전처럼 연구에 집중할 수 없었다. 또한 정치 문제로 여러 차례 정부와 마찰을 빚었으며, 내성적인 성격 탓인지 대중에게도 인기 있는 사람은 되지 못했다.

그는 1870년 양봉학회에 가입해 벌의 유전연구를 하며 식물과 마찬가지로 동물에게 적용할 수 있는 유전 원리를 발견하기를 기대했다. 그러나 그 노력은 벌의 복잡한 생식 행동 때문에 성공하지 못했다.

그는 평생 결혼하지 않았지만 가족들은 멘델에게 아주 중요했다. 그는 조카들과 체스 두기를 좋아했고 가족들과 규칙적으로 만났다. 또한 자신의 공부를 위해 지참금을 포기한 여동생의 세 아들이 대학

에 진학할 학비를 대주는 것으로 빚을 갚았다.

멘델의 건강은 1883년부터 나빠지기 시작했고 신장과 심장에 이상이 생겼다. 1884년 1월 6일 멘델은 유전 법칙을 발견한 업적이 알려지기 전에 사망했다. 그의 유해는 수도원에 안장되었다.

35년 후

멘델은 1865년 생물학에서 가장 의미 있는 발견을 발표했지만 35년이 지난 후에야 그 역사적 의미가 인정받게 되었다. 세기가 바뀌어 1900년대에 세 명의 연구자들이 독립적으로 유사한 연구를 하고 있던 차에 멘델의 논문을 우연히 발견했다. 그들은 네덜란드의 식물학자인 휴고 드 브리스, 독일의 식물학자인 칼 코렌스, 그리고 오스트리아의 식물학자인 에리히 폰 체르마크로 각각 이전의 연구 기록들을 찾던 중, 멘델의 논문을 읽고서 이미 자신들이 실험한 것과 유사한 결과가 있었음을 알았다. 영국의 생물학자인 윌리엄 베이트슨 또한 멘델의 유전 연구를 알리는 데 기여했다. 1902년 그는 《멘델의 유전 원리, 방어》라는 책을 출간해, '유전학'이라는 용어를 사용함으로써 새로운 학문 영역을 개척했다. 현대 사회에서는 멘델의 업적의 중요성을 인식하고 있지만 19세기 사람들은 그렇지 못했고 아무도 각각의 형질이 한 쌍의 단위로 이루어져 있다는 생각을 하지 못했다.

그의 업적이 재발견되면서 멘델의 동상은 1910년 브르노의 수도원 밖에 세워지고 멘델의 실험 정원에는 사암으로 된 기념비가 세워졌다. 또한 멘델의 100주년 탄생을 기념하기 위해 브르노에서는 1965년 멘델 기념 심포지움을 개최했다. 그리고 브르노에 멘델리아눔이라 기념관도 개장했다. 2002년에는 멘델이 살았던 브르노의 성 토머스 수도원 자리에 멘델 유전 박물관이 생겼다. 현재 이곳에는 생전에는 무명에 가까웠던 겸손한 천재와 그의 업적을 보기 위해 전 세계 사람들이 방문하고 있다.

너무 완벽해서 믿을 수 없다?

멘델의 유전 법칙이 재발견된 1900년대에 몇몇 학자들에 의해 그의 연구 결과가 사실이 아니라는 것을 밝히기 위한 여러 번의 시도가 있었다. 그리고 1911년 멘델의 연구 결과는 다시 한 번 논쟁에 휩싸였다. 결과가 너무 완벽해서 믿을 수 없었던 것이다! 비평가들은 멘델이 결과나 숫자를 조작했을 것이라고 주장했다. 그의 결과는 우연에 의한 것보다 더 기댓값에 잘 맞았다. 수치 해석으로도 이렇게 기댓값에 근접한 결과가 나오기는 힘들었다. 예를 들어 동전을 200번 던졌을 때 실제로 100번은 앞면이 나오고 100번은 뒷면이 나올까? 확률의 원리에 따르면 동전을 200번 던졌을 때 앞면이 100번, 뒷면이 100번 나올 확률은 대체로 5.63%이다. 아마도 동전은 앞면이 95번, 뒷면이 105번 나오거나 앞면이 111번, 뒷면이 89번 나올 경우가 더 많을 것이다. 멘델의 완두 교배 실험에서 우성 형질의 자손과 열성 형질의 자손이 3:1의 비로 나오는 것이 증명되었다 할지라도 통계적으로는 실제값이 예상값에 가깝게 나올 확률은 굉장히 낮다고 증명되었다. 영국의 과학자인 로날드 피셔에 의해 실시된 좀 더 세부적인 통계 분석에서는 멘델의 결과가 우연에 의해 얻어질 확률은 3만분의 1로 극히 드물게 나타나는 일이라고 밝혔다.

때문에 일부 과학자들은 멘델이 자신의 가설에 맞게 데이터를 조작했을 것으로 믿었다. 그가 계산한 숫자들이 예측한 3:1 비에 너무 근접했던 탓이다. 아마 멘델은 잠재의식에서 자신의 가설에 맞는 표현형에 맞는 식물만을 셌을 것이다. 멘델은 통계를 잘 사용하는 학자였기 때문에 그의 기념비적 논문에서 관계없는 것은 생략했을 것이다. 또한 결과와 크게 차이 나는 결과들은 기록하지 않았을 것이다. 어쨌든 이런 추측에도 불구하고 이제까지 알려진 바에 의하면 그는 숫자를 불명예스럽게 조작하지 않았다. 따라서 멘델은 그의 빛나는 통찰력을 인정받게 되었다. 멘델 이전에도 그리고 이후 35년간 아무도 3:1 비와 1:2:1 비를 눈치채지 못했다. 멘델은 논리적인 유전 법칙에 의해 유전 현상이 일어난다는 것을 발견한 명예를 받을 자격이 충분하다.

연 대 기

1822	합스부르크 제국의 일부인 실레지아의 하인첸도르프에서 7월 22일 요한 멘델 출생
1840	트로파우의 김나지움 졸업
1841	올뮈츠의 철학연구소 입학
1843	브륀에 있는 성 토머스 수도원에 들어가 이름을 그레고어로 바꿈
1847	성직자로 임명
1849	쯔노이모의 학교에서 그리스어와 수학을 가르침
1850	교사자격시험에 떨어짐
1851~53	비엔나 대학에서 자연사를 공부함
1854	후에 자연과학협회가 되는 농업협회의 자연과학분과의 회원이 됨
1854~68	레알슐레에서 자연사와 물리를 가르침
1855	교사 자격 시험에 두 번째로 떨어짐
1856	완두 교배 실험을 시작함
1865	2월 8일과 3월 8일에 자연과학협회에서 완두에 관한 실험 결과를 발표함
1866	협회의 회지에 〈식물 잡종에 관한 실험〉을 실음
1868	나프의 후임자로 수도원장으로 선출됨
1884	브륀에서 1월 6일 사망
1900	멘델의 업적이 재발견되고, 마침내 중요성이 인정됨

유전 형질을 결정하는
유전자의 실체는
바로 염색체에 있다.

Chapter 6

성 연관 유전을 밝혀낸,

토머스 헌트 모건

Thomas Hunt Morgan
(1866–1945)

유전에서 유전자와 염색체의 역할

　사람들은 수백 년 동안 생물의 교배와 유전에 대해 궁금해했지만 유전학이라는 하나의 학문이 생긴 것은 불과 150년 전이다. 유전학자는 유전병에서부터 유전과 진화의 관계, 염색체의 구조와 유전자를 구성하는 분자 등 유전과 관련된 모든 것을 연구한다. 유전학에는 고전 유전학, 분자 유전학, 집단 유전학, 진화 유전학 등 여러 하위 분야가 있다.

　토머스 헌트 모건은 고전 유전학 분야를 선도했던 연구소를 이끄는 연구소장으로, 염색체 이론을 정립하고 멘델 이론을 강력하게 뒷받침하는 실험적 증거를 수집했다. 그는 초파리 연구를 통해 유전의 기본 법칙을 발견했다. 유전자가 염색체에 적당한 거리를 두고 존재하는 물리적 실체라는 점을 증명했고 초파리의 성 연관 유전을 발견하는 등 그가 유전학에서 이루어낸 수많은 업적이 인정받아 1933년 노벨 생리의학상을 수상했다.

명문가를 배경으로

토머스 헌트 모건은 1866년 9월 25일 켄터키 주 렉싱턴에서 찰튼 헌트 모건과 엘렌 키 하워드의 3남 중 장남으로 태어났다. 그의 삼촌은 남부 연합군 장군이었으며 그의 증조부 프랜시스 스콧 키는 미국 국가를 작곡하는 등 그의 집안은 명문가로 유명했다. 모건의 애칭은 톰으로 어릴 적의 그는 밖에서 놀기를 좋아했다. 특히 오클랜드에 있는 친척의 여름 별장 근처에서 나비를 잡고 화석을 수집하곤 했다.

십대 시절 모건은 2년간 여름마다 켄터키 산에서 미국 지리학 조사에 참여했다. 켄터키 주립대학에서 2년의 예과 생활을 마친 모건은 동물학 학사 과정을 밟았다. 같이 수업을 듣던 사람들이 모두 남자 사관생도였던 탓에 수업 시간은 항상 딱딱했으며 교칙도 엄해 모건은 종종 실수를 하여 벌을 받곤 했다. 하지만 늘 과학 분야에서 두드러진 성적을 보였으며 1886년 최우등 졸업을 하면서 졸업생 대표로 연설을 하기도 했다.

대학원 생활을 시작하기 전 모건은 매사추세츠 소재의 보스턴 자연사 학회에서 해양 생물학을 연구하며 여름을 보냈다. 그리고 그해 가을, 존스 홉킨스 대학교에 입학했다. 존스 홉킨스 대학교는 비록 생긴 지 10년밖에 안 됐지만 학문적으로 명성이 높았고 생물학을 집중적으로 지원하는 몇 안 되는 학교 중 하나였다. 학교의 교수들은 학생들에게 모든 현상에 의문을 가지는 자세와 실험실에서의 연구를 강조했다. 이런 과정을 통해 생물학은 단순히 관찰하고 결과를 기록하는 학문에서 실험적인 학문으로 변해갔다.

바다거미와 개구리 알

모건은 박사 과정 중 동물의 발달 초기 단계 및 배아를 다루는 발생학을 연구했다. 그의 연구 목표는 바다거미류를 분류하는 것으로, 바다거미는 생김새나 구조로는 게나 바닷가재 같은 갑각류처럼 보였지만 발달 단계별 해부학적 연구를 통하여 바다거미는 거미와 전갈을 포함하는 거미류에 더 가깝다는 결론을 내렸다.

존스 홉킨스 대학에서 2년간 대학원 생활을 마친 후 모건은 켄터키 주립대학으로부터 과학 강의를 해줄 것을 요청받았다. 2년간 다른 연구소에서 더 연구하고 그 학교로부터 만족할 만한 연구 성과를 인정받기만 하면 된다는 요구조건이 전부였다. 이 대학의 교수진들은 모건의 연구를 인상 깊게 보고 모건에게 바로 교수 자리를 제안했다. 그들은 모건이 교수 자리를 승낙할 것으로 믿고 과학사 분야교수로 모건의 이름을 올렸지만 모건은 신중하게 고민한 뒤 결국, 좀 더 공부하는 쪽을 택했다.

1890년 모건은 바다거미의 분류와 발달에 관한 연구로 박사학위를 받은 후 일 년간 장학금을 받으며 공부하는 박사 후 과정을 밟게 되었다. 그는 바하마, 자메이카를 여행하며 연구를 계속했고 이탈리아 나폴리 소재 동물학 연구소에도 들렀다. 존스 홉킨스 대학에서의 경험을 통해 모건은 생물학을 연구할 때 더 유연한 사고를 가지고, 실험으로 철저히 검증되었을 때만 사실로 받아들이고 잘못된 것은 받아들이지 않는 자세를 가지게 되었다. 그는 과학에 있어서 어떤 주관적, 혹은 감정적 요소가 섞여들 틈을 두지 않았다.

1891년 모건은 엄격한 지성을 갖춘 여성 교육을 추구하는 펜실베니아 소재 브린 마워 대학교의 부교수가 되었다. 그는 그곳에서 체계적인 강의 대신 마치 생각을 소리 내어 말하는 듯한 방식의 강의를 했다. 학생들은 이런 그의 교수법을 아주 좋아하거나 싫어하는 등 극과 극의 반응을 보였지만, 그는 항상 학생들이 질문하거나 도움을 청하는 것을 환영하였다.

브린 마워 대학교에서 그는 줄무늬 따개비, 개구리, 우렁쉥이 등 해양 동물의 발생학에 대해 연구했다. 모건은 연구를 계속하면서 생물학이 발전하려면 단순히 생물을 묘사하는 데 그치지 말고 실험적으로 분석되어야 한다는 확신을 키워나갔다. 그중 성게 알이 수정된 후 분열하면서 여러 기관으로 분화된 성체로 발달하는 과정의 연구를 통해 그는 생물의 기관이 발달하기 위해 필요한 과정이 내부에 프로그램화되어 있다는 사실을 발견했다. 또한 수정란이 발생할 때 중력이 큰 영향을 미친다는 당시의 이론이 옳지 않다는 것을 증명했다. 즉, 환경 요인은 발달에 그다지 큰 영향을 미치지 않는다는 것이었다.

1894년 모건은 나폴리에 일 년간 머무르며 안식년을 보냈고, 학교로 돌아오자 곧바로 정교수가 되었다. 1897년에는《개구리 알의 발달 : 실험 발생학 입문》이란 첫 번째 책을 내놓았다. 같은 해 모건은 빠르게 해양 생물학 분야의 중심지로 성장하던 우즈 홀 해양생물학연구소의 위원으로 선출되어 1937년까지 이사회 회원으로 활동했다. 1901년에는 동물의 신체가 어떻게 새로운 조직으로 재생되는지에 관해, 그 당시까지의 지식을 정리한《재생》이라는 책을 펴냈다. 재생이란 불가사리가 한쪽 다리를 잃으면 새로운 다리가 곧 자라는 것처럼 신체의 없어진 부분이 다시 자라는 과정을 의미한다. 모건은 몸이 재생되는 과정과 수정란의 발생학적 발달 과정을 연관지어 생각하였다. 그리고 두 과정을 지배하는 자연 법칙을 찾기 위한 실험을 계속했다. 1903년에는《진화와 적응》을 출간했는데 다윈이 주장한 자연 선택에 의한 진화론에 허점이 너무 많다고 지적했다. 하지만 나중에 그는 다윈의 이론을 인정하고《진화론의 비판》(1916)과《진화의 과학적 바탕》(1932)을 통해 유전과 진화에 그의 이론을 접목시키려 시도했다.

1904년 모건은 콜롬비아 대학교 실험 동물학 과장으로 자리를 옮겼다. 그곳으로 옮기기 전인 1891년 브린 마워 졸업생이었던 릴리안 샘슨과 결혼했고 그들 사이에서 네 명의 아이가 태어났다. 릴리안도 생물학을 전공한 과학자로서, 아이들이 모두 학교에 다닐 무렵 그녀는 세포 생물학자로 명성을 얻었다.

콜롬비아 대학으로 옮긴 후에도 모건은 환경과 유전 중 어느 요소가 생물의 발생과정에 더 큰 영향을 미치는지 알아보기 위해 바다성게를 계속 연구했다. 연구 결과, 환경보다는 유전이 발생 과정에 더 중요하다는 것이 밝혀졌고 이 결과는 모건이 유전학 연구에 박차를 가하는 계기가 되었다. 그 당시 유전학의 주된 관심은 생물의 성 결정 방식이었다. 몇몇 과학자는 환경이 성별을 결정한다고 생각했던 반면, 다른 과학자들은 유전이 성별을 결정한다고 생각했다. 모건은 이 토론에 흥미를 가지고 참여했다.

유전학의 새벽

당시의 유전학은 과학에서 흥미로우면서도 새로운 분야였다. 학문으로서의 유전학의 시초는 오스트리아의 수도승이었던 그레고어 멘델이 사망한 후 35년 만에 그의 연구 작업이 재발견된 것이었다. 멘델은 유전적 특성에 특별한 인자(오늘날 유전자라 불리는)가 관여한다고 제안하였다. 그는 개개인이 각 유전자에 대해 두 개의 같은 인자를 가지고 있고 이 유전자 쌍은 생식세포를 만들 때 분리되어 각각 하나씩 들어간다고 제안했다. 유전자 쌍, 즉 대립 인자는 우성이거나 열성이다. 우성 인자는 두 개 중 하나만 있어도 나타나는 반면,

열성 인자는 한 쌍 모두 열성 인자일 때만 그 성질이 나타난다. 모건은 멘델 이론을 바로 받아들이지는 않았다. 어떤 과학적 사실을 받아들이는 데 정교한 실험이 뒷받침될 때에만 인정하는 그의 성격대로 모건은 그 당시까지 존재하던 증거보다 더 많은 것을 원했다. 그리고 역설적이게도 결국 모건은 멘델 이론을 가장 강력하게 뒷받침하는 증거를 제시하게 되었다.

멘델 이론의 재발견에 동참했던 독일 식물학자 칼 코렌스는 세포의 핵 속에 들어 있는 잘 포장된 염색체 안에 유전자가 존재할 것이라는 가설을 세운다. 1903년 미국 세포학자인 월터 서튼은 **감수 분열**시 염색체의 움직임을 상세히 기술한 논문을 발표했다. 이 논문은 멘델 이론에서 유전을 결정하는

> **감수 분열** 반수체의 생식 세포(난자나 정자)를 만드는 과정

인자의 존재를 뒷받침해 주었다. 다음해 독일 생물학자 테오르 보베리는 서튼의 논문을 재확인했다. 세계는 곧 유전자가 염색체에 존재한다는 사실을 인정하였고 이는 유전학에서 '염색체 이론' 시대의 문을 여는 것이었다. 하지만 모건은 이러한 결과에 여전히 의구심을 가지고 있었다.

파리의 눈 속에서

1908년 모건은 유전학을 연구하는 모델 생물로 노랑초파리를 사용했는데 초파리가 연구하기에 이상적인 조건을 두루 갖췄기 때문

이었다. 초파리는 한 세대가 2주 정도로 짧고 기르기 쉬우며 연구실에서 유지하는 비용도 적게 들었다. 또한 연구실 공간을 많이 차지하지 않았고 단지 네 쌍의 염색체만을 가지는 이점이 있었다.

모건의 대학원생 중 한 명이었던 퍼낸더스 페인파리는 정상 초파리를 어둠 속에서 길러 장님 초파리로 만드는 시도를 했는데, 69세대까지 길렀지만 한 번도 성공하지 못했다. 이에 몹시 실망한 그는 의무적으로 엑스레이나 라돈을 쪼이거나 기타 다양한 환경조건을 설정하면서 돌연변이 유발 실험을 계속했다. 그런데 1910년 뭔가 특별한 일이 일어났다.

1910년 5월 모건의 연구실에서 흰 눈 초파리가 태어났다. 이 파리가 어떻게 생기게 되었는지에 대한 많은 논란에도 모건은 논란에 참여해 소모적인 시간을 보내는 대신, 흰 눈 초파리를 가지고 실험을 하기로 결심했다. 그는 돌연변이 흰 눈 초파리와 정상 빨간색 눈 초파리를 교배시켰다. 교배로 태어난 1,240마리 초파리 모두가 빨간색 눈을 가졌다(사실 세 마리의 흰 눈 초파리가 태어났지만 이들은 자발적 돌연변이로 인한 것으로 추정되었으므로 제외했다). 멘델의 용어로 설명하자면, 빨간색 눈 형질(관찰된 특성)은 흰색 눈에 대해 우성이었다. 그는 첫 번째 교배로 태어난 빨간 눈 초파리(F1)끼리 교배시켰는데 다음 세대(F2)에서는 흰 눈 초파리가 태어났다. 멘델의 연구에 따르면 열성 형질은 4분의 1 확률로 나타난다. 이것은 모건 역시 관찰한 결과였지만, 흥미롭게도 4분의 1 확률로 태어난 흰 눈 초파리들은 모두 수컷이었으며 암컷 중에 흰 눈 초파리는 한 마리도 없었

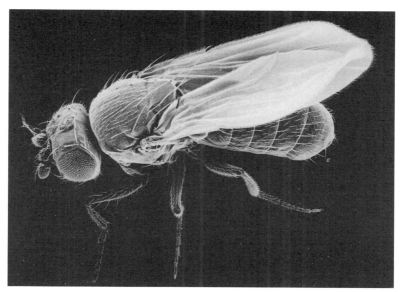

노랑초파리는 기르기 쉽고 크기가 작아 유전학 연구에 자주 사용된다.

다. 비록 그가 과거에 멘델의 이론에 반대하는 입장이었지만 모건의 연구는 결과적으로 멘델의 유전법칙과 유전에서의 염색체 이론을 강력하게 뒷받침하는 증거를 제공한 격이 되었다.

　모건은 X 염색체에 초파리 눈 색깔을 결정하는 유전자가 있다는 결론을 내렸다. 오늘날 X나 Y 염색체에 있는 유전자를 '성 연관 유전자'라고 부른다. 수컷 파리는 단 하나의 X 염색체를 가지므로 열성 형질이 그대로 발현된다. 반면 암컷은 두 개의 X 염색체를 가지므로 한 개의 열성 인자인 흰 눈 형질을 가지고 있더라도 나머지 정상 X 염색체가 우성이면 우성 형질이 발현되는 것이다. 즉, 모건의 실험에서 사용된 F1 세대 암컷은 반드시 정상(빨간색 눈) X 염색체와 돌연변이(흰 눈) X 염색체를 하나씩 가지고 있어야 한다. 오늘날 이런 형질, 즉 우성과 열성 인자를 하나씩 가지는 경우를 '보인자'라고 하며 이 경우 열성 형질은 나타나지 않지만 자손에게 열성 형질을 물려줄 가능성이 있다. 이 연구 결과들은 특정 유전자는 특정 염색체 혹은 성 염색체와 관련 있다는 것을 확실히 보여주었고, 유전에서 성 결정 방법을 이해하는 데 도움을 주었다.

유전자 지도

초파리 눈 실험의 성공으로 인해 자신감을 갖게 된 모건과 지도 학생들은 초파리로 더 많은 실험을 수행했다. 두 명의 학부생인 앨프레드 스터트반트와 캘빈 브리지, 대학원생인 허만 조셉 뮐러는 겨울은 콜럼비아 대학교, 여름은 우즈 홀의 연구실에서 매일 살다시피 했다. 사람들은 이 두 연구실을 부를 때 약간의 놀림을 담아 '파리 방'이라고 불렀다. 모건 연구실 사람들은 연구를 통해 새로운 돌연변이를 조금씩 찾아내기 시작해 1912년까지 등이 굽은 형, 노란 몸, 작은 날개 등 40종류의 돌연변이를 발견했다.

연구원들은 새로운 돌연변이들을 체계적으로 교배하고, 교배된 자손들을 그들의 부모와 자매, 다른 돌연변이들과 다시 교배했다. 그 결과 이들 돌연변이는 무리를 지어 유전된다는 사실이 밝혀졌다. 초파리는 네 개의 다른 염색체를 가지므로 네 개의 그룹이 존재하는

데 각 돌연변이 유전자는 네 개의 염색체에 나뉘어 들어 있을 것으
로 추측했다.

모든 돌연변이는 세심하게 분류되었다. 그동안 쌓인 자료들은 한
형질이 다른 형질과 연계되어 유전된다는 가설을 뒷받침해 주었다.

간단한 현미경

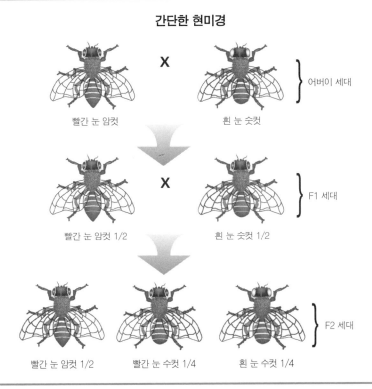

빨간 눈 암컷 X 흰 눈 숫컷 } 어버이 세대

빨간 눈 암컷 1/2 X 흰 눈 숫컷 1/2 } F1 세대

빨간 눈 암컷 1/2   빨간 눈 수컷 1/4   흰 눈 수컷 1/4 } F2 세대

흰 눈 돌연변이 수컷을 이용한 교배실험을 통해 초파리의 눈 색 유전자가 성 연관되어 있다는 것이 밝혀졌다.

더욱이 연관된 유전 형질들의 개수가 염색체의 길이와 상관 있었다. 모건은 줄에 매달린 구슬처럼 유전자 역시 염색체에 직선형으로 놓여 있을 거라고 예상했다.

　다른 연구원들 역시 연구가 진행됨에 따라 여러 형질들이 한 염색체 안에 들어 있다는 사실을 깨달았다. 하지만 같은 염색체 안에 있어도 따로 유전되거나 아니면 거의 항상 같이 유전되는 현상이 동시에 관찰되었다. 어떻게 이런 일이 일어난 것일까? 세심하고 정밀한 관찰 결과, 모건은 감수 분열시에 염색체끼리 뭉쳐지는 현상을 발견하였다. 1909년 벨기에 세포학자 얀센은 감수 분열시, 염색체끼리 교차가 일어난다는 것을 발견하고 염색체가 물리적으로 각 부분을 교환한다는 주장을 폈다. 모건은 이 현상을 '재조합'이라고 불렀다.

> **재조합** 감수 분열 중 상동염색체의 일부가 교차되어 새로운 조합의 염색체가 만들어지는 것

스터트반트는 영리하게도 재조합되는 비율을 유전자 사이의 거리와 관련지어 생각했다. 염색체에서 유전자 사이의 거리가 멀수록 분리되어 유전되고 가까울수록 같이 유전될 확률이 높다. 모건 실험실의 연구원들은 수많은 초파리들을 대상으로 한 실험에서 유전자 교차가 일어나 형질이 발현되는 빈도를 통해 염색체 내에서 유전자 사이의 거리를 추정하였다. 오늘날 유전자 사이 거리를 재는 단위로 사용하는 센티모건은 모건을 기념해 이름을 붙인 것이다. 모건은 유전자 지도를 작성하면서 염색체에 유전자가 일렬로 배열되어 있다고 확신했다.

한편 모건의 연구실에서는 멘델 이론에 어긋나 해석하기 복잡한 결과가 종종 나타났다. 치사 유전자는 배아가 태어나기 전에 죽게 만드는 유전자이다. 반면 어떤 유전자는 단순히 열성과 우성 유전자 두 개만 존재하는 것이 아니라 두 개 이상의 대립 인자를 갖는다는 사실이 발견되었다. 또 어떤 형질은 하나 이상의 유전자에 의해 발

현된다. 이 모든 상황들이 철저히 연구되어 요즘은 멘델의 유전법칙의 예외로 인정되고 있다.

스턴트반트는 염색체 내에서 유전자의 위치가 그 발현 빈도와 어떤 상관이 있을 거라고 생각했다. 이 제안은 보수적인 멘델 이론 지지자들에 의해 맹렬하게 비난받았지만 얼마 후 그 가설이 사실이라는 것이 밝혀졌다.

모건은 유명 저널에 실린 수많은 논문들 이외에도 유전학의 기초가 되는 몇 권의 책을 집필했다. 모건, 브리지, 스턴트반트와 뮐러의 공동 노력으로 1915년에 출간된 《멘델 유전의 기작》은 모건의 가장 유명한 저서이다. 이 책을 통해 그는 유전자와 염색체의 관계를 자세히 기술하고 유전에서 염색체의 역할을 설명하였다. 또한 유전학을 서술적인 학문이 아니라 실험적인 학문으로 탈바꿈시켰다.

1926년 모건은 자손에게 유전 형질이 전달되는 과정을 자세히 설명한 《유전자 이론》을 출간했다. 또한 1927년에는 자신의 역작이라고 믿으며 《실험 발생학》을 펴냈지만 그의 유전학과 관련된 저서에 비해서는 그다지 많이 팔리지 않았다. 세상 사람들은 모건을 유전학자로 생각했지만 모건 자신은 유전학자보다 더 넓은 의미인 실험 동물학자라고 여겼다.

1927년 캘리포니아 공과대학은 생물학과를 새로 만들기 위해 모건을 파사데나로 초청하였다. 그는 생물학에 대한 자신의 철학을 펼칠 수 있는 생물학과를 만드는 데 참여할 기회를 받아들여 연구원들과 함께 새로운 연구소로 옮긴 후 이곳에서 그의 남은 연구 생활을 마치게 된다.

캘리포니아로 옮긴 후 모건의 연구는 발생과 관련된 실험에 집중했다. 그는 발생학자로서 생물학 연구를 시작했고 중간에 유전학과 관련된 연구를 했지만 결국 그의 연구는 발생학으로 끝나게 되었다.

노벨상을 받은 최초의 유전학자

1933년 그는 유전학에 기여한 공로로 노벨 생리의학상을 받았다. 그는 그의 학생이었던 브리지와 스턴트반트에게도 상금을 나눠 줘 자식들의 대학 학비를 내는 데 보태게 했다. 그를 노벨상으로 이끈 것은 유전학이었지만 발생학과 발달 생물학에 기여한 모건의 연구 역시 기억되어야 한다. 또한 동료와 제자들에게 존경받고 칭송받는 유능하고 다방면에 재능 있는 과학자였다. 이 때문에 그는 수많은 과학단체의 위원으로 선출되었고 국립과학원(1927~1928), 진보 과학협회(1929) 등 저명한 협회 회장직도 수행하였다. 그는 런던 왕립학회에서 다윈 메달(1924), 코플리 메달(1939)도 받았다.

공식적으로는 1942년 캘리포니아 공과대학에서 은퇴했지만 1945년 사망할 때까지 그는 행정 업무를 계속했다. 그가 만성 궤양으로 인한 급성 출혈로 갑자기 사망하자 그의 가족은 조촐한 장례식을 치렀다.

토머스 헌트 모건의 연구로 유전학자들은 물리적 실체로서의 유전자에 대해 더 깊게 이해하게 되었으며 유전자가 어떻게 한 세대에서 다음 세대로 전해지는지 알게 되었다. 가계 유전 상담자들은 병으로 고통받는 환자들에게 혈우병, 색맹 같은 질병이 유전될 가능성을 설명할 수 있게 되었다. 다른 유전병에 관한 지도를 작성할 수 있었던 것도 모건의 비범한 연구 덕분이었다.

모건과 그의 학생들은 그 밖에도 수많은 뛰어난 연구를 수행하여 멘델의 유전 법칙에 강력한 실험적 증거를 제공했고 유전학 발전에 크게 기여한 수많은 연구결과를 얻었다. 하지만 그의 이름은 찰스 다윈이나 그레고어 멘델 같은 생물학의 선구자보다는 덜 알려져 있다.

성 결정 기작

생물체가 수컷이 되거나 암컷이 되기 위해서는 매우 정교하게 조절되는 일련의 발달 과정을 필요로 한다. 어떤 생물에서는 환경요인이 성 결정에 중요한 역할을 한다. 예를 들어 거북의 알은 발생 과정의 특정 시기에 어떤 온도의 장소에 있는지에 따라 성별이 결정된다. 일반적으로 온도가 낮은 곳에 있었던 알에서 더 많은 수컷이 태어나는 반면, 온도가 높아질수록 암컷으로 부화할 확률이 높아진다. 굴 역시 환경요인에 의해 성이 결정된다. 이처럼 발생 단계에서 양분 공급과 물의 온도에 따라 성이 바뀔 수 있다.

반면 다른 생물체는 유전자에 의해 성이 결정된다. 유전자에 의해 성이 결정되는 방법은 네 가지가 있다. XY, ZW, XO 그리고 성 염색체 조합 방법에 따른 것이다.

여기서 알파벳이 의미하는 것은 단순한 상징일 뿐이다. 이 문자들은 염색체 크기가 얼마인지, 어떤 모양을 하는지에 대한 어떤 정보도 가지고 있지 않다. 인간과 초파리는 XY형을 따른다. XY형에서 암컷은 2개의 XX형, 수컷은 하나의 X, 하나의 Y를 갖는 XY형의 염색체를 갖는다. 더 정확히 말하면, 초파리는 염색체의 비율, 즉 성 염색체(X)와 상 염색체(A)의 비율에(X:A) 따라 성이 결정된다. 염색체 비율 이론은 모건 연구실의 학부생인 캘빈 브리지의 연구에 의해 거의 밝혀졌다. 보통 X:A의 비율이 1 이상이면 암컷, 0.5 이하이면 수컷이 된다. 만약 이 비율이 0.5에서 1.0 사이일 때는 이 생물체는 간성암수한몸이다.

ZW형의 염색체에서는 XY와는 반대로, 같은 형인 ZZ가 수컷이고 다른 형인

ZW가 암컷이다. 새와 나방이 ZW 방식을 따른다. 메뚜기를 포함한 다른 생물은 XO형을 따른다. 이 유전형은 오직 하나의 성 염색체를 가지고 그것으로 인해 성이 결정된다. 보통 암컷이 2개의 같은 염색체(XX)를 가지며 수컷은 염색체 한 개(XO)를 갖는다. 마지막으로 딱정벌레와 빈대를 포함한 몇몇 종은 X와 Y 염색체가 어떤 비율로 있느냐에 따라 성이 결정된다. 이것이 성 염색체 조합 이론이다. 성별의 결정은 염색체의 종류나 비율과 관련 있지만, 다른 많은 유전적 요인과 호르몬에 의해 최종적인 결과가 나타난다.

브린 마워 대학교의 세포 유전학자였던 네티 마리아 스티븐은 특정한 성 염색체의 유전에 의해 성이 결정된다는 가설을 내놨다. 성 염색체는 X와 Y로 표시되는 염색체이다. 그녀는 '테니브리오 모리토'라는 밀벌레를 가지고 실험하여 그의 이론을 증명했다. 그녀는 밀벌레의 정자는 X나 Y 염색체를 가지고 난자는 모두 X 염색체만 가진다는 점과, 난자가 정자에 의해 수정될 때 정자가 Y 염색체를 가지고 있을 때만 수컷이 발생한다는 것을 알아냈다. 난자가 X 염색체를 가진 정자에 의해 수정될 경우 이 수정란은 암컷이 된다. 이를 다른 종에까지 연구를 확장시켜 보았다. 그녀와 독립적으로 연구하고 있었던 모건, 에드문드 비처 윌슨 역시 다른 생물을 대상으로 연구한 결과 성이 염색체에 의해 결정되는 것을 알아냈다.

연 대 기

1866	켄터키 렉싱턴에서 9월 25일 출생
1886	켄터키 주립대학(현재 켄터키 대학)에서 동물학 학사 취득, 여름에 보스턴 자연사 학회서 해양 생물학을 연구하며 보냄
1888	켄터키 주립대학에서 석사학위 취득
1890	존스 홉킨스 대학에서 바다거미의 진화적 관계 연구로 박사학위 취득
1891~1904	브린 마워 대학에서 발생학적 발달과 재생을 연구하며 생물학과 부교수를 지냄
1897	첫 번째 책인《개구리 알의 발달 : 실험 발생학 입문》출간
1903	다윈의 자연 선택론을 반박하기 위해《진화와 적응》을 출간
1904~28	뉴욕 콜롬비아 대학교에서 실험 동물학 교수와 학장을 지냄
1910	많은 기념비적 논문을 쓸 수 있게 한 초파리를 이용한 유전 연구를 시작
1915	브리지, 스턴트반트, 뮐러와 함께 기초 유전학 교과서인《멘델 유전의 기작》을 출간
1916	돌연변이로 자연 선택을 유전학적으로 설명한《초파리 성 연관 유전》과《진화론의 비판》을 출간
1925	유전학의 성경이라 일컬어지는《진화와 유전》과《초파리 유전학》을 출간
1926	유전학을 포괄적으로 설명한《유전자 이론》출간
1928	캘리포니아 공과대학에 생물과학을 다루는 학과를 세움
1933	유전에서 염색체가 하는 역할을 규명한 공로로 노벨 생리의학상 수상
1945	캘리포니아 파사데나에서 12월 4일 사망

벌과 개미의 행동을
연구해 곤충의 학습 능력을
밝혀내다.

Chapter 7

곤충의 학습을 알아낸 곤충학자,

찰스 헨리 터너

Charles Henry Turner
(1867~1923)

곤충의 행동

생물학에서 행동이란 생물이 빛, 화학물질, 소리, 촉감 혹은 다른 생물체의 움직임 같은 환경 자극에 따라 어떻게 반응하는지를 의미한다. 동물에게 행동은 본능적일 수도 있고 학습에 의한 것일 수도 있지만 대부분 본능과 학습 두 가지가 함께 섞여 일어난다. 수천 년 동안 사람들은 동물의 행동을 관찰함으로써 자연에서 먹이를 구하는 방법이나 위험을 피하는 방법을 배우곤 했다. 하지만 학문으로서의 동물행동학이 연구된 것은 20세기 초반으로 다른 생물학 분야에 비해 그리 역사가 길지 않다.

곤충학자인 찰스 헨리 터너는 열악한 실험장비와 부족한 기금, 흑인에 대한 인종 차별이라는 여러 장애를 극복하고 동물행동학 분야의 연구에 선구자 역할을 한 대표 학자이다. 그는 개미, 벌, 바퀴벌레, 나방, 거미 등 다양한 종류의 곤충을 연구해, 곤충도 들을 수 있고 색을 구별할 수 있으며 시행착오를 통해 학습이 가능하다는 것을 밝혀냈다.

관리인의 아들

찰스 헨리 터너는 1867년 2월 3일 오하이오 신시내티에서 태어났다. 그의 아버지 토머스 터너는 캐나다 출신의 교회 관리인이었다. 찰스 터너의 아버지는 책을 무척 좋아하여 많은 책을 사 모았는데 이 책들을 어린 아들에게 읽어주었다. 그의 어머니인 애들린 캠벨 터너는 켄터키 주의 흑인 노예 출신 간호사였다.

터너는 책을 좋아한 아버지의 영향으로 공부를 열심히 하여 고등학교를 졸업할 때에는 졸업생 대표로 연설을 할 정도로 항상 우수한 성적을 거두었다. 그는 신시내티 대학교에 입학한 첫해는 학업을 따라가느라 무척 힘들었지만 열심히 공부하여 결국 심리생물학의 선구자로 유명한 클라렌스 루터 헤릭으로부터 개인지도를 받을 정도로 인정받게 되었다. 헤릭은 터너의 열정에 감명받아 그의 학부 졸업 논문인 〈조류 뇌의 형태〉를 당시의 유명한 학회지인 《비교신경학 저널》 첫 호에 실어주었다. 터너는 대학에서 공부하는 동안 가게 거미를 연구했다. 가게 거미는 숨어서 먹이를 기다릴 때 깔때기 모양의 거미줄을 만들기 때문에 깔때기 거미라고도 불린다. 그는 가게 거미 연구를 통해 거미도 단순히 본능에만 의존하지 않고 환경조건에 따라 거미줄을 다르게 만든다는 사실을 알아냈다. 예를 들어 터너가 창틀에 지어 놓은 가게 거미의 거미줄을 네 번 연속 망가뜨리자 거미는 창틀의 다른 위치에 더 깊숙이 거미줄을 만들었다. 또한 가게 거미가 사냥 위치에 따라 다양한 크기와 모양의 거미줄을 만드는 것을 보고 그동안 사람들이 일반적으로 알고 있었던 것보다 거미가 훨씬 지능적이라는 사실을 밝혀냈다.

터너는 1888년부터 일 년간 휴학을 하고 인디애나 주 에반스빌에 있는 공립학교에서 5학년 학생들을 가르쳤고, 이후 신시내티에서도 대리 교사로 취직하여 학생들에게 문법을 가르쳤다. 이후 다시 복학하여 1891년 신시내티 대학교에서 생물학 학사를 취득했으며 이듬해에는 동물학 석사학위를 받았다. 졸업 후 그는 생물학 연구소에서 일했다.

1887년 터너는 레온틴 트로이와 결혼해 세 명의 아이가 태어났지만 1895년 아내가 정신병으로 사망하자 1907년 조지아 주 출생 릴리안 포터와 재혼했다.

터너는 석사학위를 딴 후 클라크 대학교(현재 클라크 애틀랜타 대학교)의 생물학 교수가 되어 1893년부터 1905년까지 학생들에게 생물학과 화학을 가르쳤다. 그 후 테네시 소재 콜레지 힐 고등학교의 교장으로 일 년간 재직했다. 또 1907년부터 1908년까지 하인스 산업학교에서 생물학과 화학을 가르치다, 1908년 흑인 학생들로만 구성된 섬너 고등학교와 교육 대학교로 옮겨 사망할 때까지 심리학과 생물학을 가르쳤다.

과학 연구기관에서 교수가 되어 연구하는 것보다 다른 아프리카계 미국인을 가르치는 것이 더 값지다고 생각했던 그는 진보적인 교육방법으로 가르치는 것으로도 유명했다. 수업시간에 종종 살아 있는 식물과 동물을 가져와 학생들이 관찰하도록 하거나 현미경을 통해 더 자세히 관찰하도록 도와주었다. 터너는 일과가 끝난 저녁 시간과 방학을 이용해 곤충의 행동을 연구했다. 그의 실험은 독창적이고 연구 주제도 다양했으며 대부분 귀중한 연구 결과들을 얻을 수 있었다.

개미의 귀환

터너는 교사 생활을 하면서 박사 과정을 공부하기로 결정했다. 그는 1898년 시카고 대학교에 입학했지만, 교사 일도 해야 했기 때문에 이듬해 다시 직장으로 돌아와 연구실과 직장을 왕복하면서 연구를 계속했다. 이런 노력 끝에 1907년 터너는 결국 시카고 대학교에서 박사학위를 받았고 생물학 분야에서 박사학위를 받은 최초의 흑인이 되었다. 그의 박사 논문인 〈개미의 귀환 : 개미 행동의 실험적 연구〉는 비교신경학과 심리학 저널에 실렸으며 터너는 이 논문의 연구 결과를 보스턴에서 열린 국제동물학회에서 발표했다. 그는 동료 학자들의 열광적인 반응에 힘입어, 연구 주제를 고전적인 동물의 구조와 기능 연구에서 행동 연구로 바꾸었다.

그의 박사 논문 주제인 개미의 행동에 대해 간단히 알아보자.

개미는 먹이를 찾기 위해 집에서 나온 후 다시 집으로 돌아가는 길을 찾을 수 있는 능력을 가지고 있다. 터너는 개미가 길을 찾는 방법이 본능에 의존하는 것인지, 집 주변의 지형을 기억한 것인지, 아니면 태양빛에 의존하는 것인지 궁금하게 생각했다. 집 근처 벽돌담의 포도 넝쿨을 기어 다니는 개미들을 대상으로 실험을 시작한 그는 포도 넝쿨을 떼어내 원래 위치로부터 60cm 가량 떨어진 곳에 넝쿨을 다시 붙였다. 만일 개미가 본능에만 의존한다면 포도 넝쿨 주변에만 돌아다니고 집을 찾지 못할 것이다.

실험 결과, 개미는 처음에는 우왕좌왕 헤매더니 얼마 후 집으로 돌아갔다. 비슷한 실험을 여러 번 거친 뒤, 같은 결과를 얻은 터너는 개미가 집을 찾는 데 본능에만 의존하지 않는다는 결론을 내렸다.

한편 터너는 개미가 집으로 돌아가는 데 냄새를 이용하는지 알아보기 위해 개미집으로 가는 중간에 골판지로 평지와 경사로를 설치해 개미들이 이곳을 거쳐 집으로 돌아가도록 했다. 터너는 개미가 방치된 애벌레를 보면 최대한 빨리 안전한 둥지로 옮겨 놓는다는 사실을 이미 알고 있었기에 평지에 애벌레를 놓고 어른 개미가 애벌레를 데리고 둥지로 돌아가는 길을 학습할 수 있도록 충분한 시간을 주었다. 다음에는 같은 실험 장치에 둥지로 갈 수 있는 다른 경사로 하나를 더 설치하고 개미들의 행동을 관찰했다. 하지만 어떤 개미도 새 길을 이용하지 않고 기존에 이용했던 길로만 다녔다. 개미들

이 기존의 길로만 다니는 이유가 자신들의 냄새를 맡았기 때문인지 확인하기 위해 터너는 기존의 길을 들어내고 같은 자리에 새로 만든 경사로를 설치하여 냄새로 인한 영향을 없애고 실험을 다시 수행했다. 그리고는 개미들을 살피자 역시 같은 길을 이용해 둥지를 찾아 갔다. 터너는 이 결과를 통해 개미가 길을 찾는 데 냄새는 그다지 중요한 역할을 하지 않는다는 것을 알아냈다.

계속해서 터너는 개미가 집을 찾는 데 빛을 이용하는지 알아보고

자 경사로 주위에 두 개의 전구를 설치했다. 전구에서 나오는 열이 실험 결과에 영향을 미칠 수 있기 때문에 단열재를 사용하여 전구에서 나오는 열을 막아주었다. 그리고 다시 개미 애벌레를 경사로 사이의 평지에 두었다. 그런 뒤 개미들이 원래 이용하던 길에 불을 켜 놓았다가 얼마 후의 시간이 지나자 불을 끄고 대신, 개미가 이용하지 않던 경사로에 불을 켰다. 처음에는 개미들이 혼란에 빠져 우왕좌왕했지만 100번 이상의 시행착오를 거쳐 개미들이 불이 켜진, 즉 원래 이용하지 않던 경사로를 이용하는 것을 관찰할 수 있었다. 터너는 이 실험을 통해 개미가 집으로 돌아가는 경로를 택할 때 빛이 영향을 미친다는 결론을 내렸다.

그는 이 실험에서 개미들이 집으로 돌아갈 때 하는 특이한 나선형 운동을 관찰했다. 이런 행동은 터너가 처음 발견했기 때문에 프랑스 동물학자는 '터너의 원운동'이라고 이름을 붙였다. 터너는 후에 몇 종류의 무척추동물이 흥분했을 때 원을 돌며 움직인다는 사실을 추가로 발견했다. 이와 같은 동물의 성질을 굴성이라고 한다. '굴성'은 빛이

터너의 원운동 개미가 둥지에 접근함에 따라 원형으로 움직이는 행동

굴성 생물이 빛이나 접촉 같은 외부의 환경 자극에 반응하여 일어나는 생물의 행동

실험 장치

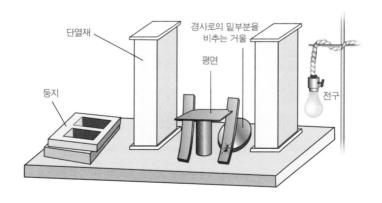

단열재

경사로의 밑부분을 비추는 거울

평면

둥지

전구

터너는 개미가 둥지를 어떻게 찾아가는지 알아보고자 평면 양쪽에 경사로를 둔 실험 장치를 사용했다.

나 접촉 같은 외부 자극에 반응하여 일어나는 생물의 무의식적 행동을 말한다.

벌의 행동

터너의 다양한 연구 중 가장 유명한 연구는 벌의 행동연구이다. 터너는 벌의 행동을 연구하기 위해 야외의 탁자에 하루에 세 번씩 잼이 든 접시를 올려놓았다. 벌들은 접시가 오르는 시간마다 찾아왔다. 터너는 며칠 동안 이 행동을 반복하다 이번에는 아침에만 잼이 든 접시를 올려놓고 점심과 저녁 시간에는 잼이 들어 있지 않은 접시만 올려놓았다. 그러자 처음에는 벌들이 하루에 세 번 모두 찾아왔지만 시간이 지나자 잼을 놓는 아침에만 찾아오기 시작했다. 이 결과는 벌들도 학습이 가능하고 시간 개념이 존재한다는 것을 입증하는 것이었다.

터너는 벌들이 어떤 방법으로 둥지를 찾아오는지도 궁금했다. 대부분의 벌은 나무 위에 벌집을 만들기 때문에 연구를 하기 힘들었다. 그런데 한 특이한 종의 벌은 둥지를 땅에다 트는 습성이 있었다. 해당 종의 벌들이 땅에 난 구멍으로 들어가는 것을 관찰한 결과, 구멍 속에 들어간 벌들은 잠시 후에 다시 나왔고 더 많은 꽃가루를 모으기 위해서인지 멀리 날아가는 것을 볼 수 있었다. 터너는 벌들이 둥지를 비운 사이 원래의 둥지 옆에 같은 모양의 구멍을 뚫고 원래 둥지 입구 옆에 있던 병뚜껑을 그가 만든 가짜 구멍 옆에 두었다. 다시 돌아온 벌은 새로 만든 가짜 구멍으로 들어갔다가 곧 나오더니 원래 둥지를 찾아 들어갔다.

다시 벌이 집을 비우자 이번에는 구멍을 몇 개 더 뚫어 병뚜껑을 다른 구멍 옆에 두었다. 집에 돌아온 벌은 무작위로 각 구멍들을 들어갔다 나왔다 하며 헤맸지만 결국 원래 둥지를 찾아냈다.

벌들이 어떻게 땅에 있는 보금자리를 찾는지 더 자세히 알아보기 위해 터너는 하얀 종이 가운데에 구멍을 뚫고 그 구멍이 벌집 입구 바로 위에 놓이도록 종이를 덮었다. 벌이 둥지에 도착하자 구멍에 들어가길 주저하며 입구 주위를 몇 분간 빙빙 돌더니 한참 후 구멍에 들어갔다. 그리고는 다시 둥지에서 나오자 이번에는 입구 주위에서 잠시 날다가 떠났다. 마치 둥지 입구를 기억하려는 듯이 보였다. 다시 돌아온 벌은 자신의 둥지 입구를 기억하는 듯 단번에 둥지로 날아들었다. 그러자 터너는 수박 껍데기를 원형으로 잘라 입구만 원형으로 자른 흰 종이 위에 두었다.

이처럼 터너가 둥지 주변의 모습을 바꿀 때마다 벌은 나가기 전에 입구를 기억하기 위해 얼마간 둥지 입구를 돌아다니며 둥지 주변의 변한 모습을 기억했다. 벌은 둥지 입구 주위의 사물이나 지형을 바꾸면 혼란스러워하는 것처럼 보였다. 따라서 터너는 벌이 집을 찾을 때 주변의 지형을 기억한다고 결론을 내릴 수 있었다.

그 당시 벌에 대해 사람들이 일반적으로 알고 있는 상식은 벌들이 특정 꽃의 향기를 맡고 먹이를 찾는다는 것이었다. 터너는 진짜 벌들이 후각에만 의존해 먹이를 찾는지 궁금했다. 또한 벌의 시각도 먹이를 찾는 데 어떤 역할을 할 것으로 추측했다. 벌들이 색깔을 구분하는 능력이 있는지 알기 위해 터너는 나무 막대에 빨간 원반을 붙여 가짜 꽃을 만들었다. 그리고는 각 나무 막대 끝에 꿀을 몇 방울씩 떨어뜨린 후 벌들의 행동을 지켜보았다. 시간이 지나자 벌들이 와서 가짜 꽃에 묻은 꿀을 가져가는 것을 관찰할 수 있었다. 계속해서 터너는 빨간 원반이 붙은 막대들 사이에 파란 원반을 붙인 막대를 설치하고 꿀은 떨어뜨리지 않았다. 벌들은 파란 원반을 붙인 막대는 무시하고 여전히 빨간 원반을 붙인 막대의 꿀만 가져갔다. 터너가 다시 파란 원반에도 꿀을 몇 방울 떨어뜨렸더니 벌들은 시간이 좀 지나자 파란 원반의 꿀도 가져가기 시작했다. 터너는 벌들이 빨간 원반에는 꿀이 있고 파란 원반에는 꿀이 없다는 것을 학습한다는 결론을 내리고 멀리 있을 때는 색이, 가까이 다가오면 향이 벌에게 더 중요하게 작용할 것이라고 생각했다. 벌들이 색을 구별한다는 결론을 내린 후 터너는 색깔을 다르게 하는 대신에 기하학 문양을 이용하여 다시 실험했다. 결론은 벌들이 색뿐만 아니라 모양도 인식한다는 것이었다. 그는 벌들이 꽃향기뿐만 아니라 색과 모양을 인식하여 꽃에 모여든다는 결론을 내렸다.

덫 사냥꾼

덫을 만들어 먹이를 사냥하는 개미귀신은 터너가 가장 좋아하는 곤충으로 알려져 있다. 개미귀신은 통통하고 온몸이 털로 덮인 곤충으로 턱이 튀어나와 있고 뒷걸음질만 할 수 있다. 또한 함정을 팔 때 꼬리를 삽처럼 이용하여 모래를 밀치고 머리를 흔들어 밀친 모래를 더 멀리 펴낸다. 이런 방식으로 덫을 만들고 구멍 밑에서 기다리다 개미가 덫에 걸려 구멍으로 빨려 들어가면 개미귀신은 재빠르게 낚아채 체액을 빨아먹는다.

터너는 개미귀신이 먹이를 잡는 광경을 자세히 관찰했다. 개미귀신의 함정에 빠진 개미는 이미 죽은 것처럼 보였지만 세심하게 관찰한 결과, 진짜로 죽은 것이 아니라 두려움에 일시적으로 마비되어 있었다는 것을 알았다. 이런 연구를 통해 곧 터너는 개미귀신 전문가로 유명해졌다.

바퀴벌레와 나방 연구

터너는 바퀴벌레가 학습 능력이 있는지 알아보기 위해 네 개의 막힌 벽이 있는 금속 미로를 제작했다. 미로의 끝에는 잼통을 두고 미로에 있는 길 옆에는 물을 채웠다. 그가 바퀴벌레를 미로의 한쪽 끝에 두자 바퀴벌레들은 잼통을 발견할 때까지 무작위로 돌아다녔다. 미로 밑은 물로 채웠기 때문에 만일 미로를 벗어나면 물에 빠지게 되어 있었다. 터너는 바퀴벌레가 막힌 벽에 도착하거나 물에 빠지는 경우를 세고 매번 실험이 끝날 때마다 알코올 솜으로 미로를 닦아 바퀴벌레 꼬리에서 나는 향기의 흔적을 지웠다.

처음에는 바퀴벌레가 미로를 빠져나가는 데 15~60분이 걸렸지

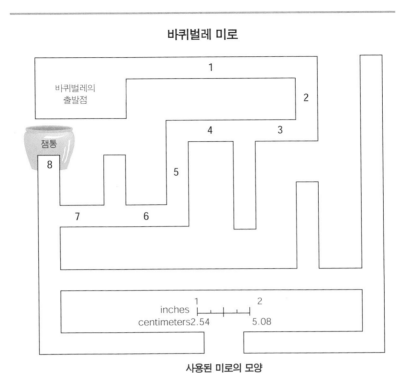

바퀴벌레 미로

바퀴벌레의
출발점

잼통

1

2

4

3

5

8

7

6

inches

centimeters 2.54

5.08

사용된 미로의 모양
1~8의 숫자는 바퀴벌레의 집인 잼통으로
바로 가는 경로의 숫자를 의미

터너는 물 위에 올려놓은 미로를 통해 바퀴벌레도 길 찾기 학습 능력이 있다는 것을 보여주었다.

만 수많은 시행착오를 거친 후에는 단지 1~4분밖에 안 걸렸다. 터너는 바퀴벌레가 미로를 세 번 연속 실수 없이 통과할 때 학습되었다는 가정을 세우고 실험했는데 하루가 안 되어 잼통으로 가는 길을 학습해, 바퀴벌레도 시행착오를 거쳐 학습이 가능하다는 것을 증명했다. 또한 12시간 이상 미로에서 떨어뜨려 놓으면 바퀴벌레도 학습된 길 찾기 능력을 완전히 잃어버린다는 사실을 알아냈다.

바퀴벌레는 야행성이므로 본능적으로 빛을 피하고 어두운 곳을 좋아한다. 하지만 터너는 바퀴벌레가 어두운 곳을 싫어하도록 학습 시키기 위해 바퀴벌레가 어두운 곳으로 가면 전기 충격을 주는 실험 장치를 설계했다. 실험 결과, 학습한 바퀴벌레는 전기 충격이 없는 곳에서도 어두운 곳을 피하게 되었다.

또 터너는 나방에게 오르간의 낮은 음과 호루라기의 높은 음을 같이 들려주고 오르간의 낮은 음을 인식할 때 음식을 주는 방식으로 실험해 나방 역시 경험을 통해 학습할 수 있다는 사실과 음의 높낮이를 구별할 수 있다는 사실을 알아냈다.

헌신적인 과학자

찰스 헨리 터너는 1923년 2월 14일 시카고에서 생을 마감했다. 그는 생애 단 한 번도 고등 과학 기관에서 교수나 전문 연구원으로 일하지는 않았지만 누구보다도 훌륭한 연구 결과를 발표했다. 조수도, 자금 지원도, 훌륭한 장비도 없었지만 곤충과 다른 무척추 동물의 행동을 연구한 50개도 넘는 논문을 발표했으며 세인트루이스 과학학술원 위원으로 뽑힌 최초의 흑인이었고 미국 곤충학회, 일리노이 주 과학학술원 명예 위원이었다. 터너는 과학 연구에 일생을 바쳤지만 흑인 사회 발전을 위한 활동과 YMCA 세인트루이스 지부의 유색 인종을 위한 모임의 이사를 맡는 등 사회 활동에도 헌신적이었다. 그는 흑인 사회의 발전을 위해서는 무엇보다도 교육이 절실하다고 믿었고 그에 관한 논문도 발표했다. 또한 아이들이 읽을 수 있는 자연과학 책과 시, 소설도 썼다.

터너의 곤충 행동에 관한 연구와 실험은 그 뒤 많은 과학자들에 의해 모방, 재현되었다. 안타깝게도 그가 살았던 시대는 동물행동학에 관한 인식이 부족해 그의 연구 업적은 높이 평가받지 못해 비록 과학자로서는 높은 명성을 얻지 못했지만 고등교육을 받은 흑인으로서 그들의 권리를 찾고 용기를 주는 데 큰 역할을 했다. 1925년에는 터너를 기념하기 위해 찰스 헨리 터너 야외 장애학교가(1954년에는 학교명이 터너 중학교로 바뀌었다), 1999년에는 찰스 헨리 터너 MEGA(멀티미디어 전자 그래픽 예술)학교가 설립되었다.

동물행동학의 선구자들

　　동물 행동을 연구하는 분야는 20세기 중반까지만 하더라도 생물학의 한 분야로 인정되지 않았다. 소수의 선구자들이 체계적 관찰과 합리적 실험을 통해 과학적인 연구방법을 도입한 후에야 동물 행동에 관한 연구도 하나의 학문으로 자리잡기 시작했다. 로렌츠, 본 프리쉬, 틴버겐은 동물이 단독으로 행동할 때와 집단으로 행동할 때 어떤 특징을 보이는지 연구하여 1973년 공동으로 노벨 생리의학상을 받았다.

　　오스트리아 자연주의자인 콘래드 로렌츠(1903~1989)는 거위 연구를 통하여 동물행동학을 하나의 과학 분야로 정립하는 데 이바지했다. 로렌츠는 동물 새끼들이 짧은 시간 동안에 처음 노출된 어미를 인식하고 따라다니는 행동인 '각인' 현상을 최초로 설명했다. 만일 새끼의 어미 대신 다른 대상을 보여주면 갓 태어난 새끼는 처음 본 대상이 어떤

> **각인** 갓 태어난 새들이 태어난 지 얼마 안 되는 시기에 학습된 특정 행동 양식

것이라도 자기 어미로 여기고 뒤를 쫓아다니게 된다.

　　독일 과학자 칼 본 프리쉬(1886~1982)는 꿀벌의 의사소통을 60년간 연구해왔다. 그는 먹이를 구하러 나간 벌들이 둥지에 있는 다른 벌들에게 꿀이 든 꽃의 위치와 방향을 가리키는 의사소통 수단으로 8자를 그리는 춤을 춘다는 사실을 밝혀냈다. 또한 방향을 가리키기 위해서 벌들은 사람 눈에는 안 보이는 태양으로부터 발산되는 자외선을 이용한다는 사실도 알아냈다.

　　니콜라스 틴버겐(1907~1988)은 영국의 과학자로 나나니벌이 어떻게 자신의 둥지를 찾는지를 그의 유명한 야외 실험을 통해 설명했다.

그는 암컷 벌이 애벌레에게 먹이를 주기 위해 매일 둥지를 왔다갔다 한다는 사실을 알고 둥지 입구에 솔방울을 원형으로 배치했다. 어미 벌이 먹이를 찾기 위해 떠나자 그는 둥지 입구에서 조금 떨어진 곳에 솔방울을 같은 모양인 원형으로 둔 후 관찰을 시작했다. 어미 벌이 돌아오자 벌은 주저 없이 원래 입구가 아닌 원형으로 솔방울이 놓인 땅으로 들어가려 했다. 두 번째 실험에서는 첫 번째 실험처럼 입구 주위에 솔방울을 원형으로 둔 후 어미벌이 둥지에서 나오자 입구 주위 솔방울을 삼각형 모양으로 바꾸고 둥지 주위에서 얼마 떨어진 곳에 돌을 원형으로 두었다. 어미 벌이 돌아오자 이번에도 역시 실제 입구가 아닌 돌이 원형으로 놓인 곳으로 들어가려 했다. 이 실험들을 통해 나나니벌이 둥지 입구 주위에 어떤 사물들이 있는지를 기억한다는 사실을 알게 되었다.

연 대 기

1867	2월 3일 오하이오 주, 신시내티에서 찰스 헨리 터너 출생
1886	신시내티 대학교 입학
1888~89	인디애나 주 에반스빌에 있는 공립학교에서 5학년을 가르치기 위해 휴학함
1891	신시내티 대학교에서 생물학 전공으로 이학 학사학위를 받음. 〈조류 뇌의 형태〉라는 제목의 학부 논문을 《비교신경학 저널》 첫 호에 게재함
1891~93	신시내티 대학교의 생물 실험실에서 강사 조교로 근무함
1892	〈개미귀신에 관한 심리학적 연구〉를 《비교신경학 저널》에 게재하고 신시내티 대학교에서 동물학으로 석사학위를 받음
1893	조지아에 있는 클라크 대학교(현 클라크 애틀란타 대학교)의 생물학 교수로 임용됨
1905~06	클리브랜드, 테네시에 있는 칼리지 힐 고등학교 교장이 됨
1907	시카고 대학교에서 동물학으로 박사학위를 받고 보스턴에 있는 제 7회 국제동물학학회의 대표와 동물 행동 분야에서 사무관으로 근무함

1907~08	조지아 아구스타스에 있는 하인스 산업학교에서 생물학과 화학 선생님으로 근무함
1908~22	미주리 주 세인트루이스에 있는 섬너 고등학교에서 학생을 가르침
1910	〈꿀벌의 색-시각 연구〉를 《생물학 보고서》에 실어 벌도 색상을 구별 할 수 있음을 밝혔으며 세인트루이스 과학 학술원 최초 흑인 위원이 됨
1911	〈꿀벌의 형태-시각 연구〉를 《생물학 보고서》에 게재하여 벌도 형태를 식별할 수 있음을 보여줌
1914	〈케토칼라 나방의 청력:야생 실험〉과 〈거대 비단나방의 청력 연구〉를 《생물학 보고서》에 실어 곤충도 소리를 듣고 습득할 수 있음을 밝힘
1922	건강 문제로 섬너 고등학교에서 은퇴함
1923	시카고에서 2월 14일, 56세로 별세

곰팡이에서 질병으로부터
인류를 구원할
기적의 약을 발견하다.

Chapter 8

항생제 페니실린의 발견자,

알렉산더 플레밍

Sir Alexander Fleming
(1881~1955)

기적의 약

인류가 유목 생활을 끝내고 한곳에 모여 살면서 **감염**성 질병이 인구를 제한하는 큰 요인이 되었다. 사람들이 많이 모인 도시에서는 페스트, 인플루엔자 유행성 독감, 천연두, 임질, 결핵, 말라리아, 황열병 등의 '전염병'이 유행해 많은 사람들이 죽었다. 옛날 사람들은 어떻게 전염병에 걸리는지 잘 몰랐기에 죄를 지으면 신이 벌을 내려 병에 걸리게 하는 것이라고 생각했다. 1800년대 후반에 들어와서야 독일인 의사인 로버트 코흐와 프랑스 과학자인 루이 파스퇴르에 의해 감염성 질병에 대한 실질적인 연구가 이루어졌다. 그들은 세균처럼 눈에 보이지 않는 미생물이 질병을 일으키는 원인이라는 것을 밝혔다. 그리고 연구를 통해 특정 질병을 일으키는 미생물을 찾아내고 감염성 병원균에 의해 생기는 질병을 예방할 수 있는 백신 접종법을 개발했지만 이미 전염병에 걸린 사람들을 치료하는 방법은 알아내지 못했다.

20세기가 되어서야 이미 세균에 의한 질병으로 고통스러워하는 환자들을 치료할 수 있는 방법을 찾는 데 진전을 보이기 시작했다. 알렉산더 플레밍은 스코틀랜드의 세균학자로 푸른곰팡이에서 생성되는 항생물질인 **페니실린**을 발견했다. 그의 발견은 의학계에 혁명을 일으켰으며 숙주에 침입한 '병원성' 미생물을 파괴하는 항생물질의 발견을 촉진하여 인류를 구원하는 데 이바지했다.

감염 병을 일으키는 미생물이 숙주 내에 들어간 상태

페니실린 푸른곰팡이에서 생산되는 화학물질로 항생제의 역할을 함

의학자로서의 뒤늦은 출발

알렉산더 플레밍은 1881년 8월 6일 스코틀랜드에서 허쉬 플레밍과 그의 두 번째 부인 그레이스 몰톤 플레밍 사이에서 태어났다. 팔남매 중 일곱째였던 플레밍은 어렸을 때 알렉이라는 애칭으로 불렸다. 알렉은 800에이커나 되는 넓은 농장에서 양을 돌보며, 헛간에서 숨바꼭질도 하고 강가에서 물고기도 잡는 등 자연을 놀이터 삼아 어린 시절을 보냈다. 자연에 둘러싸여 자란 그는 자연스럽게 세심한 관찰력을 키워나갔다. 그러나 불행하게도 그의 아버지는 알렉이 일곱 살이었을 때 사망해 즐거운 유년 생활은 오래 지속되지 않았다.

알렉은 열세 살 때 런던으로 건너가 안과의사인 큰형과 함께 살았다. 알렉은 런던의 리전트 스트리트 종합기술 전문학교에서 2년간 직업전문과정을 이수했지만 특별히 하고 싶은 일이 없었다. 그러다 우연히 해운회사 사무소의 말단사원으로 취직하게 된 그는 그곳에서 장부를 기록, 정리하며 여객선이나 화물선 항로를 관리하는 일을 했다. 하지만 매일 단순한 일만 반복하는 것이 지겨워 뭔가 새로운 일을 찾던 플레밍은 당시 대영제국과 식민지인 남아프리카 사이에서 벌어진 보어전쟁에 참전하기 위해 1900년에 런던 스코틀랜드 연대에 지원 입대했다. 그러나 해외로 파견되기 전에 보어전쟁은 끝났고 그는 국내에서 군대 생활을 계속했다. 그는 운동신경이 뛰어나 군대의 수구팀에서 선수로 활약했으며 사격 경기에도 출전하여 자주 승리했다. 1914년 군대에서 제대한 알렉은 의사인 형에게 영향을 받아 삼촌이 남긴 유산으로 의학을 공부하기로 결심했다.

플레밍이 의대에 가려고 결심했을 때는 거의 스무 살이었고 의대를 지원하는 대부분의 사람들보다 나이가 많았다. 그러나 두뇌가 명석했던 그는 개인과외를 받으며 공부한 결과, 일 년도 안 되어 의대 입학자격시험에 수석으로 통과했다.

1901년 10월 플레밍은 성 메리 병원 의과대학에 장학생으로 입학했다. 그곳을 선택한 이유는 단지 군대 시절, 수구 경기에서 상대팀으로 만난 적이 있다는 인연 때문이었다.

플레밍은 해부학과 생리학을 특히 좋아했다. 그는 공부 외에도 교내 수구팀, 연극 모임, 토론 모임, 소총 동아리에 가입하여 활발하게 활동하면서도 항상 남들보다 뛰어난 성적을 유지했다.

1906년 플레밍은 의과대학을 졸업하여 의사 자격을 얻었지만 대학의 접종과에 조교로 남아 일하게 되었다. 그 이유는 당시에 소총 동아리의 한 친구가 우수한 사격 실력을 가진 플레밍이 다른 학교를 가는 것을 원치 않아 설득한 것으로, 결국 그는 그해 전국 소총경기에 교내 팀의 선수로 출전했다.

감염과 접종 연구

당시 접종과는 알모스 라이트라는 과학자를 중심으로 운영되고 있었는데 그는 '백신' 치료법을 개발하는 연구를 담당했다. 라이트는 파스퇴르의 백신 연구에 자극을 받아 백신 분야에 뛰어든 것이었다. 사람의 몸에 백신이 들어오면 인체의 면역계가 **항체**를 만들어내도록 유도한다. '항체'는 **독성**을 약화시키거나 죽은 병원균 또는 병원균의 일부가 인체 내로 들어오면 이에 대항하기 위해 형성되는데 그 성분은 백혈구에 의해 만들어지는 단백질

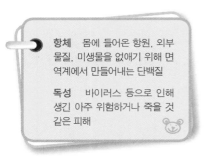

항체 몸에 들어온 항원, 외부 물질, 미생물을 없애기 위해 면역계에서 만들어내는 단백질

독성 바이러스 등으로 인해 생긴 아주 위험하거나 죽을 것 같은 피해

이다. 백혈구는 질병을 예방하는 데 도움을 주며 몸속에 들어온 세균을 죽이는 역할을 한다. 항독소라 불리는 백신은 세균이 뿜어내는 독성 성분에 대항하는 항체의 생산을 촉진한다. 라이트는 모든 감염성 질병이 감염자의 몸에 생성된 항체에 의해 치료되거나 다른 사람의 혈청을 주입해 만들어진 항체에 의해 치료될 수 있다고 확신했다. 라이트와 그의 팀원들은 백신접종이 어떻게 작용하는지뿐만 아니라 식세포의 역할에 대해서도 연구했다. 인체의 조직과 체액에서 발견된 식세포는 유해 물질이나 질병을 유발하는 병원균을 파괴하거나 잡아먹는 세포이다. 한편 플레밍은 1908년 최종 의학시험에

합격했고 런던 대학의 금메달을 받았다. 외과 전문의 시험에 응시하기로 결심한 플레밍은 1909년 외과시험에 합격했다. 그러나 의사로 일하는 대신에 라이트와 계속 일을 했다.

플레밍의 초기 업적 중 하나는 '매독'(성적 접촉으로 감염되는 잠재적으로 매우 치명적인 병) 검사법을 개발한 것이다. 1910년 독일의 세균학자 파울 에를리히는 매독 치료에 효과적인 화합물인 '살바르산'을 발견했다. 플레밍은 매독 치료를 위해 살바르산을 '정맥주사'하는 일에서 전문가가 되었다. 당시 정맥주사는 흔치 않았을뿐더러 많은 의사들은 어떻게 주사하는지조차 알지 못했다.

> **매독** 나선형 세균에 의해 생기는 성병의 일종
>
> **정맥주사** 정맥 안으로 주사하는 것

1914년 플레밍과 라이트 팀의 몇몇 동료들은 왕립군사의무단에 지원해 프랑스로 가서, 불로뉴 지역에 연구소를 세워 연구를 계속 했다. 자신의 연구실로 가는 길에 환자 병실이 있어서 항상 그곳을 지나쳐야 했던 플레밍은, 도중에 늘 패혈증, 파상풍, 그 밖의 다른 감염성 질병에 걸려 고생하는 환자들을 보곤 했다. 당시에는 세균 감염에 의해 질병이 생긴다는 사실을 알았기 때문에 병원에서 수술을 하기 전에 모든 수술 기구들을 소독하여 사용하는 멸균 소독법을 실시했다. 그러나 플레밍은 멸균 소독법으로 치료하는 것은 이미 세균에 감염되어 고통스러워하는 환자들에게는 아무런 효과가 없다는 사실에 놀랐다. 그는 특히 치명적인 고열 및 감염 부위의 갈색 고름이 생기는 가스 괴저병이 병사들에게 얼마나 무서운 병인지 알고

서는 깜짝 놀랐다. 이 병에 걸린 환자의 생명을 구하려면 감염된 팔다리를 절단해야만 했다.

플레밍은 페놀, 붕산, 과산화수소수를 상처에 바르는 멸균 소독의 효과에 대해 연구한 결과, 깊은 상처의 경우 이러한 물질은 오히려 해로운 영향을 미친다는 것을 발견했다. 자연적으로 감염 균을 물리칠 수 있는 백혈구 세포를 오히려 이 화학물질들이 죽이기 때문이다. 게다가 이 화학물질들은 깊은 상처에 효과적으로 작용할 수 있을 만큼 충분히 깊숙이 침투하지는 못했다. 라이트와 플레밍은 환자의 상처를 생리 식염수로 씻은 다음, 신체가 세균 감염을 스스로 이겨낼 수 있도록 그냥 두는 것이 환자를 고치는 방법이라고 의사들에게 충고했지만 대부분의 의사들은 충고를 무시했다.

1915년 휴가 동안 플레밍은 아일랜드 간호사인 사라 메리언 메클로이와 결혼했다. 1921년 그들은 시골집을 사서 둔이라 이름 짓고 주말을 보내곤 했다. 1924년 그들 사이에 귀여운 아들 로버트가 태어났는데 그는 훗날 의사가 되었다. 1949년에 사라가 사망하자 플레밍은 성 메리 병원에 근무하던 그리스 인 세균학자 아밀리아 코우소리스 보우레카와 1953년 재혼했다.

점액과 눈물 속의 신비한 물질

세균이 질병을 일으킨다는 사실이 확실해지고 많은 원인 세균들이 확인되자 사람들은 세균을 죽임으로써 질병을 치료하려는 생각을 가지게 되었다. 이런 생각이 가장 먼저 실천된 분야는 외과 수술에서였다. 19세기 말 영국인 의사 조셉 리스터는 최초로 수술 전에 페놀로 수술실, 수술도구, 의사의 손을 살균 소독했다. 이 방법은 수술 후 감염율을 크게 감소시켰다. 그러나 페놀과 같은 멸균에 사용되는 화학약품들은 살아 있는 조직에 손상을 입힌다는 단점이 있었다.

1918년 1월 플레밍은 다시 런던으로 돌아와 세균에 감염된 환자들을 치료하는 방법을 찾고자 연구에 몰두했다. 그는 화학약품 문제를 해결하고자 환자의 조직에 손상을 입히지 않고 효율적으로 감염 세균만 죽일 수 있는 멸균 소독법을 알아내려고 했다. 플레밍이 연구를 계속하는 동안 라이트는 플레밍을 접종과의 부과장으로 임명하였고 접종과는 병리학 연구과로 이름이 바뀌었다.

플레밍은 많은 종류의 세균주들을 얻으려고 희귀한 세균 종들을 모았고 이 세균들을 인공 '배지'가 깔린 '페트리 접시'에서 배양했다. 그는 감기 걸린 코의 점액

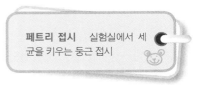

페트리 접시 실험실에서 세균을 키우는 둥근 접시

을 세균이 들어 있는 페트리 접시에 넣었다. 코 점액을 배양한 접시는 황금색 세균들로 덮여 있었다. 그는 훗날 이 세균을 *Micrococcus lysodeikticus*라고 명명했다. 얼마 후 그는 코 점액 주변을 둘러싼 세균들이 분해되어 사라지는 듯한 현상을 관찰했다. 플레밍은 코의 점액 속에 세균을 죽이는 항균물질이 들어 있을 것으로 추측했다.

훗날 더 많은 연구를 통해 코 점액이 자연적으로 세균을 죽이는

물질을 포함하고 있다는 사실이 밝혀졌다. 플레밍은 세균을 용해, 즉 부수어서 터뜨리는 물질에 '리소자임'이라는 이름을 붙였다. 리소자임은 세포를 둘러싼 세포벽에 구멍을 뚫는 작용을 한다. 구멍이 뚫린 세포는 세포벽이 파괴되어 세포내 물질들이 세포 밖으로 빠져나와 죽게 된다.

플레밍은 다른 체액들을 대상으로 실험해 (그는 자신의 눈과 다른 이들의 눈에 레몬 주스를 짜넣어서 눈물을 모았다) 눈물과 침, 혈청, 고름, 달걀 흰자에도 리소자임이 들어 있음을 밝혀냈다. 화학약품과 달리 리소자임은 인체의 조직이나 면역계에 해를 끼치지 않고 침입한 세균만을 공격했고 세균이 인체에 퍼지는 것을 막는 첫 번째 방어기작으로 작용했다. 그는 그리 위험하지 않은 세균에서부터 맹독성 세균까지 다양한 종류의 세균들에 대한 리소자임 효과를 비교해보았다. 연구 결과, 리소자임에 잘 죽는 세균들은 덜 위험하다는 것을 발견했다.

플레밍은 리소자임을 추출하는 데에는 성공하지 못했지만, 그의 연구 결과는 훗날 다른 과학자들이 세균 효소를 결정화시키는 데 도움을 주었다. 세균 효소를 분리해내는 것은 세균학에서 중요한 기술이었기에 플레밍의 연구 결과는 세균학이 한층 발전하는 계기가 되었다.

신비한 약

플레밍은 게으른 성격의 소유자였다. 세균을 배양하는 페트리 접시를 잘 보관하지 않아서 오염되기 일쑤였고 다 쓴 페트리 접시를 치우지 않는 경우도 허다했던 터라, 항상 그의 실험실 벤치 위에는 수십 개의 새 페트리 접시들이 쌓여 있었다. 그러나 그의 게으른 습관이 20세기 가장 중요한 의학혁명을 일으키는 계기가 되었을 줄이야! 플레밍은 **포도상구균**에 관한 연구를 하고 있었다. 포도상구균은 구형의 세균으로 포도송이처럼 군집을 이루며 자란다. 포도상구균은 피부 속으로 침투하여 농가진이라는 피부병을 생기게 하므로 사람에게는 해로운 세균이었다.

> **포도상구균** 구 모양으로 생겼으며 군체로 자라는 세균의 일종

어느 날 플레밍은 배양하던 포도상구균 접시에 페니실리움 노타툼이라는 푸른곰팡이가 핀 것을 관찰하게 되었다. 이는 플레밍이 세균 배양 접시를 잘 관리하지 않은 탓에 생긴 사고였다. 이렇게 세균 배양 접시에 곰팡이나 다른 세균이 들어 있으면 실험 재료로 사용할 수 없기 때문에 이런 페트리 접시들은 모두 버려야 했다.

버려야 할 페트리 접시를 챙기던 중 플레밍은 페트리 접시에서 푸른곰팡이가 핀 부분에는 포도상구균이 보이지 않고 대신 곰팡이 부근을 둘러싼 투명한 띠가 있음을 발견했다. 푸른곰팡이가 없는 부분에서는 포도상구균이 정상적으로 자라고 있었다. 왜 이런 현상이 나타났을까 궁금해진 플레밍은 푸른곰팡이에서 포도상구균을 죽이는

어떤 물질을 분비할지도 모른다고 생각했다. 그는 다른 동료들에게 곰팡이로 오염된 접시를 보여주었지만 어느 누구도 곰팡이가 항생물질을 분비하고 있다는 사실을 알아채지 못했다. 플레밍은 푸른곰팡이에서 분비하는 항생물질에 '페니실린'이라는 이름을 붙였다.

플레밍은 곰팡이에서 나오는 항생물질의 살균효과를 높이는 방법을 찾고자 곰팡이를 배양하기 시작했다. 배지가 담긴 페트리 접시 가운데에 곰팡이를 접종한 후 곰팡이를 접종한 부위를 중심으로 다른 종류의 세균들을 원 모양으로 돌려가며 접종했다.

페트리 접시를 관찰한 결과, 곰팡이 부근에 어떤 세균들은 자라고 어떤 세균들은 자라지 않은 것을 관찰했다. 이 결과는 페니실린이 모든 세균에 효과가 있는 것은 아니라는 것을 의미했다. 페니실린은 폐렴, 매독, 임질, 디프테리아, 성홍열을 일으키는 세균에도 효과가 있음이 증명되었다. 그러나 인플루엔자, 백일해, 장티푸스, 이질이나 그 밖의 장내 감염에는 효과가 없었다.

다음에는 항생물질의 양에 따라 멸균 효과가 어떻게 달라지는지 알아보는 실험을 했다. 그는 곰팡이 여과액을 단계별로 희석시켜 접종하면서 세균을 죽이기 위해 필요한 농도가 얼마인지 측정했다. 살균 소독한 병에 고기 추출액을 포함한 배양액을 붓고 푸른곰팡이를 넣어주었더니 곰팡이는 매우 잘 자랐다. 그는 곰팡이가 자라고 있는 배양액의 농도를 다르게 하여 각각 포도상구균이 자라고 있는 접시에 접종시켜 결과를 관찰했다. 또한 살아 있는 조직에 영향을 미치지 않고 세균을 죽일 수 있는 곰팡이 여과액의 농도도 알아보았다.

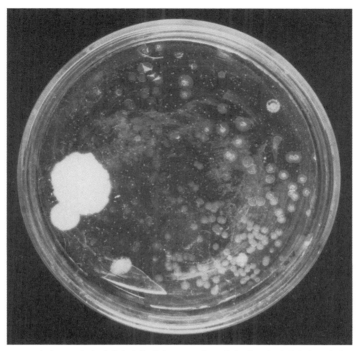

푸른곰팡이로 오염된 배양접시의 사진. 크고 밝은 색의 변종이 페니실린 곰팡이고 작은 원형 모양이 세균 콜로니이다.

또 페니실린이 살아 있는 동물에게 나쁜 영향을 미치지 않는지 알아 보고자 페니실린을 실험용 쥐와 토끼에 주사했는데 다행히 부작용 은 없었다.

당시 런던 대학의 세균학 교수였던 플레밍은 1929년 학회지에 '페니실린은 백혈구에 어떠한 해도 끼치지 않고 동물 실험에서도 부 작용이 없는 효과적인 항생물질'이라고 발표했다. 《영국 실험병리 학 저널》에 게재된 그의 논문 〈페니실린 배양의 항균작용을 이용한

B.인플루엔자의 추출)에서 플레밍은 페니실린을 주사약으로 사용되는 항생물질로뿐만 아니라 다른 용도로도 사용이 가능함을 보여주었다. 즉, 특정 세균만 순수하게 배양하는 데 페니실린을 사용할 수 있다는 것이다. 페니실린은 어떤 세균에는 매우 효과적으로 항균작용을 하지만 모든 세균에 작용하는 것은 아니기에 페니실린에 내성을 가진 세균을 키우는 데 사용하는 배양액에 첨가해, 원하는 세균만을 순수하게 배양할 수 있었다.

플레밍과 그의 조교들은 페니실린의 추출과 농축을 위한 방법을 개발하기 위해 꾸준히 임상실험을 했지만 안타깝게도 계속 실패했다. 또한 플레밍을 제외한 다른 학자들은 페니실린의 효과에 대해 믿지 않았다. 연속된 실험 실패와 사람들의 평가에 실망한 플레밍은 1932년 이후 페니실린 연구를 하지 않았다. 그러나 그는 실험실에서 페니실린 배양은 계속하여 페니실린을 필요로 하는 과학자들에게 제공했다.

연쇄상구균 구형으로 생겼으며 사슬 모양으로 자라는 세균의 일종

한편 1935년 독일인 의사 게르하르트 도마크는 '**연쇄상구균 감염**' 치료제인 설폰아마이드를 발견했다고 발표했다. 그의 발표는 다른 과학자로 하여금 또 다른 기적의 약을 발견하는 연구에 몰두하도록 해주었다. 플레밍은 이 연구에 영감을 받아 설폰아마이드의 항균작용으로 연구의 초점을 옮겼다. 연구 결과, 플레밍은 이 새로운 화합물이 몇 종류의 세균 증식을 막는 데 매우 효과적임을 밝혀냈다. 그 동안에도 플레밍은 비록 더이상 페니실린을 연구하

지 않지만 페니실린이 언젠가는 치명적인 세균 감염을 효과적으로 치료할 수 있게 되리라는 희망을 버리지 않고 있었다.

옥스퍼드 대학에서의 연구

옥스퍼드 대학에 근무하던 오스트리아 병리학자인 하워드 플로리(1898~1968)와 독일 생화학자 에른스트 체인(1906~1979)은 1930년 후반에 리소좀의 특성을 밝히는 연구를 하고 있었다. 그들은 항균물질 연구를 하던 중 페니실린에 대한 플레밍의 저널 기사를 접하게 되었다. 페니실린에 관심을 가진 그들은 페니실린을 순수하게 분리해내는 법부터 연구했다. 그리고 1940년 마침내 동결 건조한 뒤 메탄올에 용해시키는 방식으로 페니실린을 순수하게 분리하는 데 성공했다.

치료제로서의 페니실린의 효과를 알아보기 위해 플로리는 50마리의 흰쥐에게 치사량의 세균을 주사했다. 그리고 25마리의 쥐는 페니실린을 주사하지 않고 나머지 25마리의 쥐에는 세 시간 간격으로 이틀간 페니실린을 주사했다. 페니실린을 주사하지 않은 25마리의 쥐는 실험 시작 후 16시간 내에 모두 죽었지만 페니실린을 맞은 쥐는 모두 살아남았다. 이 실험 결과는 1940년 《란셋 저널》에 〈화학요법으로서의 페니실린〉이란 제목의 논문으로 실렸다. 그 논문을 읽고 큰 감동을 받은 플레밍은 옥스퍼드 대학을 방문해 플로리와 체인의 연구 결과를 축하했고 페니실린에 관한 정보를 나누었다.

플로리와 체인을 포함한 옥스퍼드 팀은 페니실린의 적절한 처치법과 최적의 양을 밝혀내기 위한 실험을 계속 수행했다. 동물 실험에 성공했기 때문에 그다음 단계는 사람에게 적용하는 임상실험이었다. 그러나 쥐 실험에서 사용한 것보다 3,000배 이상의 페니실린이 필요했다. 그들은 생산법 개발에 박차를 가해 모든 여유 공간은 많은 양의 페니실린을 생산하기 위해 바꾸었다. 병리학 건물에 임시 공장을 세우고 페니실린을 추출하고 농축시키는 기계를 만들었다.

결국 임상실험에 사용할 수 있을 만큼의 충분한 페니실린을 모은 그들의 첫 번째 환자는 경찰인 앨버트 알렉산더였다. 그는 장미덤불에 얼굴이 긁혀 포도상구균에 감염되었는데 치명적인 패혈증으로 악화될 가능성이 있었다. 설상가상으로 설폰아마이드는 효과가 없었고, 어떻게든 처치를 하지 않으면 죽을 수밖에 없는 상황이었다.

1941년 2월 12일 페니실린을 주사한 뒤 그가 점차 나아지는 것을 관찰할 수 있었다. 그런데 갑자기 앨버트의 몸속에서 세균이 배로 증가했고 그에게 주사할 더 이상의 페니실린이 없어서 결국 그는 죽고 말았다. 연구진들은 다시 여러 사람에게 실험하기에 충분한 페니실린을 생산한 다음, 임상실험을 해 그 이후로는 모든 환자들이 세균 감염에서 회복되었다.

옥스퍼드 팀은 기존의 방법으로는 환자를 치료하기에 충분한 양의 페니실린을 만들어낼 수 없다는 것을 알았지만 영국에서는 그들을 도와줄 후원자를 찾을 수가 없었다. 그러던 중 미국 일리노이 주의 피오리아에 있는 농업 연구소가 페니실린을 키우고 대량으로 추

출하는 데 도움을 주었다. 곧 세계 여러 나라에 곰팡이가 만들어내
는 신비한 항생물질에 대한 소문이 퍼졌다. 당시 일어난 전쟁 때문
에 그 생산액 모두가 전쟁 응급처치를 위해 소진되면서 세균 감염에
의한 질병 치료에 효과가 있다는 것이 입증되어 1944년경에는 페
니실린 생산량이 급속히 증가했다.

한편 1942년 광학렌즈 사업을 하던 플레밍의 형, 해리 램버트가

성 메리 병원에서 죽어가고 있었다. 원인은 뇌와 척수를 둘러싼 막에 감염된 '수막염'이었다. 의사들이 램버트에게 설폰아마이드를 투여했음에도 아무런 호전을 보이지 않았다.

플레밍은 형의 척추에서 척수액을 추출해 현미경으로 관찰한 결과 독성 세균을 발견했다. 플레밍은 플로리에게 페니실린을 부탁해 받은 뒤 매일 세 시간 간격으로 형에게 주사했다.

처음 6주 동안은 형의 체온이 정상으로 돌아왔다. 하지만 7주째 다시 열이 올랐고 플레밍은 형의 척수액을 채취해 관찰한 결과, 다시 독성 세균을 발견했다. 플로리에게 상담을 한 후에 플레밍은 형의 척추에 직접 페니실린을 주사하기로 했다. 몇 차례의 주사 후에 램버트는 기적적으로 회복되기 시작해 한 달 내에 완전히 회복되었다.

널리 퍼진 명성

기적의 약에 대한 소문은 널리 퍼졌고 페니실린을 발견한 플레밍 역시 유명 인사가 되었다. 또한 여러 제약회사들이 경쟁적으로 페니실린 생산법을 연구하기 시작했다. 알렉산더 플레밍은 1943년 영국에서 가장 존경받는 과학학회인 런던 왕립학회의 회원으로 선출되었고 다음해에 기사 작위를 받았다.

1945년 플레밍은 생리학, 의학 분야에서 페니실린의 발견과 다양한 감염성 질병 치료법 개발에 대한 공로로 체인, 플로리와 함께 노벨상을 받았다. 이 밖에도 다른 수많은 명예와 메달들이 플레밍에

페니실린 추출 과정

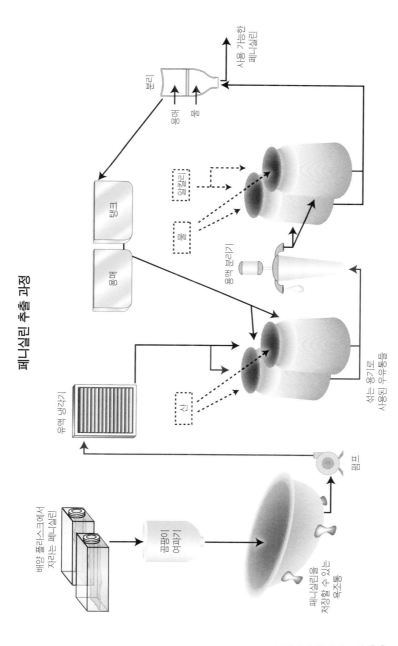

배양 플라스크에서 자라는 페니실린

곰팡이 여과기

페니실린을 저장할 수 있는 욕조통

펌프

유액 냉각기

산

섞는 용기로 사용된 우유통

용액 분리기

몸통

탱크

알코올

물

몸통

물

깔때기

사용 가능한 페니실린

게 쏟아졌다. 왕립내과학회로부터 목손 메달, 왕립외과의사회로부터 명예 금메달(1946), 왕립의학회에서 금메달(1947), 미국으로부터 메리트 훈장(1947) 등이 이에 해당된다. 그는 초청 강연과, 유럽과 미국 대학으로부터 30여 개의 명예 학위를 받으러 다니는 데 많은 시간을 보냈다.

알렉산더 플레밍은 1955년 3월 11일 영국 런던에서 심장마비로 사망해 성 바오르 성당에 묻혔다. 그는 자신의 연구와 발견을 위해 어떠한 돈도 받지 않았고 모든 돈은 성 메리 병원 의과대학의 연구 활동에 사용하도록 기증했다.

오늘날 런던 임페리얼 대학에 있는 플레밍과 그의 스승을 기리기 위해 이름 지은 라이트-플레밍 연구소에서는 세균과 바이러스 감염을 연구하는 과학자들이 일하고 있다. 우연한 발견에 의해 의학계의 혁명을 일으키는 연구 결과가 가끔 나오기도 하지만 세상은 주의를 기울여 자신이 관찰한 것을 믿고 따르는 과학자들을 기억한다.

플레밍은 감염성 질병 퇴치법을 찾아 질병에서 인류를 구원하는 일에 자신의 삶을 바쳤다. 하지만 그는 페니실린을 만들지는 못했으며 처음으로 발견한 사람도 아니었다. 그보다 앞선 이들이 이미 곰팡이가 항균물질을 갖고 있다는 사실을 발견했지만 그것의 중요성을 깨닫고 주의를 기울인 사람은 플레밍이 처음이었다. 플레밍이 '**항생제**' 페니실린을 발견했기 때문에 세균에 의해 자연적으로 만들어지는 수백 가지의 다른 화학물질들

항생제 미생물이 만들어내는 화학물질로 다른 미생물이 자라지 못하게 하거나 죽이는 역할을 함

도 항균물질을 갖고 있다는 사실이 밝혀졌다. 흥미롭게도 플레밍은 항균물질의 부적절한 사용은 항균제 내성을 초래할 것이라고 예언적인 경고를 했다. 적은 양의 항생제로 치료하거나 완전히 치료되지 않은 상태에서 항생제 치료를 중단하거나 소에게 남용하는 항생제 치료 및 감기나 다른 비세균성 질병에 대한 항생제 남용은 항생제에 내성을 가진 세균 종들을 급속하게 증가시키고 있다. 언젠가 이런 문제점을 해결해 줄 또 다른 플레밍이 나타나기를 기대해 본다.

세균 배양

세균은 값이 싸며 실험실에서 **배양**하기 쉽다. 설탕, 아미노산, 비타민 등 필요 영양소를 첨가한 액체 배지나 반고체 배지만 있으면 많은 양을 빠른 시간 내에 배양할 수 있다. 액체 배지는 시험관, 플라스크, 병에 담을 수 있으며 배양하는 중간에 세균에게 더 많은 산소를 공급하기 위해 배양 용기를 흔들기도 한다.

세균 단세포의 원핵 미생물

배양 실험실에서 페트리 접시 같은 곳에 세균이나 미생물을 인공적으로 키우는 것

배양하기 전 대부분의 액체 배지는 투명하지만, 세균을 배양하면 배양액의 색이 뿌옇게 변하게 된다. 반고체 배지는 해초에서 추출한 젤라틴 물질의 '한천'을 배양액에 첨가하여 만든다. 열을 가해 녹인 한천 배양액을 뚜껑 있는 작은 둥근 모양의 페트리 접시에 붓는다.

이 배양액은 식으면 굳게 되고 세균은 그 배지의 표면에 퍼져서 자랄 수 있게 된다. 세균 배양을 시작하기 전에 세균 배양액을 충분히 희석하면 각각의 배지에 한두 마리의 세포를 넣을 수 있기 때문에 잘 배양한 후 페트리 접시에서 세균 세포 하나가 분열, 증식하여 한 개의 둥근 모양의 콜로니를 만든 것을 볼 수 있다.

한 콜로니의 지름은 보통 1mm의 25분의 1보다 작지만 그 안에는 수많은 세균들이 들어 있다. 세균을 액체 배지나 고체 배지에서 배양할 때 적절한 온도를 유지해야 한다. 일반적으로 인간에게 질병을 유발하는 세균의 경우 인간의 체온인 37℃에서 가장 잘 자란다.

세균을 배양할 때 주의할 점은 멸균된 환경을 유지해서 페트리 접시가 원하

지 않는 세균으로 오염되지 않게 하게 하는 것이다. 만일 페트리 접시가 다른 세균에 의해 오염되었을 경우 그 재료는 사용할 수 없다.

연 대 기

1881	8월 6일 스코틀랜드 에이셔의 록필드에서 출생
1895	런던의 레전트 스트리트 전문기술학교에 입학
1897	런던의 해운회사 사원으로 취직
1900~12	런던 스코틀랜드 소총 회원으로 활동
1901	런던의 성 메리 병원 의과대학에 입학
1906	의과대학 졸업시험 합격 후 성 메리 병원 의과대학의 접종과에서 근무
1909	외과 전문의 자격시험 합격. 그러나 성 메리 병원 의과대학 접종과에서 계속 근무
1914~18	1차 세계대전 동안 프랑스 불로뉴의 영국 왕립군사의무단에서 근무
1921	항균물질인 리소자임의 발견. 런던 성 메리 병원의 접종과 부과장으로 임명됨
1922	리소자임에 관한 첫 번째 논문 〈조직과 분비물에서 발견된 놀랄 만한 항균물질〉이 영국학술원의 발간지에 게재
1928	페니실린의 항균 능력 발견. 런던 대학의 세균학 교수로 임명됨

1929	페니실린 관련 첫 번째 논문 〈페니실린 배양의 항균작용을 이용한 B. 인플루엔자의 추출〉이 《영국 실험병리학 저널》에 게재
1940	에른스트 체인과 하워드 플로리가 쥐에게 주사하기 충분한 양의 페니실린을 추출
1941	앨버트 알렉산더를 대상으로 페니실린 첫 임상 적용. 병상은 호전되었지만 충분치 못한 양의 페니실린으로 꾸준한 치료를 받지 못하여 사망
1942	플레밍의 형 램버트의 척수에 페니실린 직접 주사하여 완치
1944	기사 작위 수여. 왕립의과대학의 회원으로 선출됨
1945	페니실린의 발견과 감염성 질병에서의 치료 효과로 체인, 플로리와 생리학 · 의학 부문에서 노벨상 공동 수상
1946	라이트의 퇴임 후 성 메리 병원의 접종과에서 과장으로 임명됨
1948	런던 대학 명예교수로 임명되었지만 죽을 때까지 접종과의 임원직 유지
1955	3월 11일 영국 런던에서 심장병으로 73세로 사망

고령화 사회에 따른
신경질환의 치료법
개발에 획기적인
공헌을 하다.

Chapter 9

신경성장인자를 발견한,

리타 레비-몬탈치니

Rita Levi-Montalcini
(1909~   )

신경성장인자의 발견

　단 한 개의 수정란 세포로부터 사람의 몸을 구성하는 수십조 개의 세포가 생기는 과정은 신비롭고 놀라운 변화이다. 정자와 난자가 만나 생기는 수정란은 수많은 세포분열을 겪은 후 특별한 기능을 하는 기관으로 발달하게 되는데 이 과정을 '분화'라고 부른다. 그렇다면 무엇이 수정란을 각각의 기능을 가진 세포로 인도할까? 어떻게 각각의 세포가 언제 무엇을 해야 할지 알까? 이런 의문들은 자신의 집에 있는 열악한 환경의 연구실에서 열정적으로 연구를 시작한 이탈리아 여류 과학자에 의해 밝혀졌다. 그녀는 바로 리타 레비-몬탈치니로 연구를 통해 신경의 성장과 유지를 위한 단백질인 '신경성장인자 ^{NGF}'를 발견하였다. 수십 년 후 과학자들은 신경성장인자가 암 치료, 알츠하이머 병, 선천적 결함 등과 관련되어 있다는 것을 밝혀냄으로써 난치병 치료법을 발견하는 데 획기적으로 이바지했다.

전문직에 대한 열망

리타 레비와 그녀의 이란성 쌍둥이 자매인 파울라는 1909년 4월 22일 이탈리아 토리노의 지적인 유대인 가정에서 태어났다. 아버지 아드모 레비는 전기 기술자이면서 공장 관리인이었고 어머니 아델 몬탈치니는 재능 있는 화가였다.

쌍둥이 자매는 언니와 오빠들로부터 사랑을 받으며 자랐지만 리타의 집안은 전통적인 가부장의 권위가 절대적인 가정이었다. 그녀의 아버지는 여자가 아내와 어머니의 역할을 해내는 데 있어 대학 교육은 필요 없다고 생각했다. 그래서 리타는 매우 총명했음에도 학문보다는 사교나 예절을 주로 가르치는 엄격한 여자 학교에 다니게 되었다. 하지만 그녀의 가정교사가 위암 판정을 받자 아버지에게 순종적이었던 리타는 장차 외과 의사가 되기로 마음먹게 되었다.

전문적인 일에 종사하기 전까지는 결코 행복해질 수 없으리라고 믿은 그녀는 아버지를 끈질기게 설득하며 남들에 비해 부족한 과목을 따라잡고자 열심히 공부에 매달렸다. 결국 아버지의 허락을 받은 그녀는 8개월 동안 라틴어, 그리스어와 수학을 배워 고등학교를 졸업한 뒤, 투린 대학교 의과대학에 진학했다. 그녀는 거기서 유명한 조직학자인 쥬세페 레비 박사를 만나 조직학에 관한 수업을 들었다.

어른이 된 후 레비-몬탈치니는 토리노에서 비교적 흔한 이름인 '레비' 뒤에 다른 사람들과 구별하기 위해 어머니의 성을 붙이기로 결심했다. 이후 리타 레비-몬탈치니로 불리게 되었다.

1936년 레비는 최우등생으로 대학교를 졸업했다. 그러나 의사가 될지, 의학 연구자가 될지 결정을 못 내린 채 우선 쥬세페 레비 박사 밑에서 신경계 연구 보조를 하면서 자신의 장래를 정하기로 마음먹었다. 그는 그녀에게 조직학 분야의 새로운 기술을 가르쳐주었다. 바로 병아리 배아를 크롬-은을 이용하여 염색하는 방법이었다. 연구소 일은 레비의 적성에 잘 맞았지만 1938년 파시스트인 무솔리니가 유대인이 이탈리아 내에서 전문직에 종사하는 것을 금지하는 인종 차별 성명서를 발표하자 자리에서 물러날 수밖에 없었다.

대신 그녀는 벨기에 브뤼셀에 있는 신경학 연구소로 자리를 옮겨 독일군이 벨기에를 침공하기 바로 전인 1939년 12월까지 근무했다.

비밀 연구

독일군이 벨기에를 침공한 뒤, 연구소를 그만둔 레비-몬탈치니는 다시 토리노로 돌아와 집 안에 비밀 연구소를 만들었다. 그녀가 가진 도구라고는 배아를 보기 위한 작은 현미경인 '**입체현미경**'과 오빠가 만들어준 배양기, 기본적인 절개도구와 시계수리공이 사용하는 족집게, 안과용 가위, 외과용 메스와 바늘과 실 등 열악한 것들뿐이었다.

레비는 실험에 사용할 수정란을 구하기 위해 있지도 않은 자신의 아이들의 건강을 위해서라고 말하며 농부들에게 달걀을 얻으러 다녔다. 그녀는 비밀 연구소에서 병아리 배아세포 연구에 몰두함으로써 전쟁의 괴로움을 잊었다. 그 무렵, 스승이었던 쥬세페 레비가 벨기에서 토리노로 날아와 그녀의 연구에 합류했다.

얼마 후 레비는 미국에서 연구 중인 독일 출신의 배아신경학자(태어나기 전의 동물의 신경계 발달을 연구하는 과학자)인 빅토 햄버그의 논문을 읽게 되었다. 햄버그는 발달 중인 병아리 배아에서 사지를 제거했을 때 사지로 자라야 할 신경이 급격하게 감소하는 것을 관찰하고, 조직에서 신경이 발달하는 데 필요한 특정 물질이 분비되지 않으면 **운동 뉴런**과 **감각 뉴런**의 발달이 억제될 것이라는 가설을 세웠다.

레비-몬탈치니 역시 배아 신경계의 형성과 분화에 무엇이 영향을 미치는지 궁금했기 때문에 실험실에서 햄버그의 실험을 재현해 보았다. 그녀는 여러 시간대별로 척수를 얇게 잘라 은 염색 과정을 거친 후 현미경으로 관찰했는데 햄버그와는 달

입체현미경 물체를 3차원적으로 볼 수 있게 해주는 현미경

운동 뉴런 뇌나 척수의 신호를 근육에 전달해 주는 신경세포의 한 종류

감각 뉴런 외부 환경에서 받아들인 자극을 중추 신경계로 전달하는 신경세포의 한 종류

리 사지가 파괴된 부분에서도 운동 뉴런이 생성되는 것을 발견했다.

사지가 파괴된 장소에서는 전혀 신경이 성장하지 못한다고 믿었던 햄버그와는 달리 레비-몬탈치니는 신중한 관찰을 통해 운동 뉴런과 감각 뉴런이 자라기는 하지만 곧 죽는다는 결론을 내렸다. 그녀는 신경세포의 분열 및 분화가 시작된 후 사지에서 신경의 발달과

운동 뉴런

수상돌기

신호 전달 방향

핵

축색

신경세포체

축색 말단

생장을 자극하는 특정 물질이 분비되는데 이 물질이 결핍되면 신경이 파괴된다고 생각했다.

유대인의 학술 연구의 참여를 금지하는 선언 때문에 이탈리아 저널에 논문을 실을 수 없었던 레비-몬탈치니와 쥬세페 레비는 결국 스위스와 벨기에에서 발행하는 저널에 논문을 실었다.

1942년 연합군이 토리노에 대대적인 폭격을 가하자 레비-몬탈치니는 다시 시 외곽에 있는 집의 연구실로 돌아왔다. 전쟁 중이라 위험하기도 하고 금지된 연구를 수행하는 부담 때문에 그녀는 가짜 신분증을 가지고 플로렌스로 거처를 옮겼다.

1944년 나치가 도시의 통제권을 잃자 그녀는 자원봉사 의사 자격으로 피난처에 있는 연합군 병사들을 도왔다.

신경 성장의 신호

1945년 마침내 전쟁이 끝나자 레비-몬탈치니는 토리노 대학의 쥬세페 레비 연구실에 연구원으로 복직했다. 1946년 그녀의 논문을 읽은 햄버그의 초청으로 레비-몬탈치니는 미주리 주 세인트루이스에 있는 워싱턴 대학교의 병아리 배아 연구 프로젝트에 공동 연구자로 참여하게 되었다.

햄버그는 전쟁 동안 그녀가 집에서 실험한 연구 결과에 영감을 얻었지만, 그들은 관찰된 현상에 대해 서로 다른 결론을 내리고 있었다. 그는 조직과 기관에서 보내는 신호가 신경세포의 성장과 분열을 일으키기 때문에 사지가 없는 배아의 경우, 운동 뉴런이 분열을 촉진하는 신호를 받지 못한다고 생각했다. 이에 반해 레비-몬탈치니는 신경세포의 지속적인 생존과 성장을 위해서는 이미 분열 중인 세포에 특정 물질이 필요하다고 생각했다.

비록 연구에 대한 생각은 달랐지만 계속 좋은 관계를 유지해 공동 연구 결과가 성공적이자 햄버그는 일 년 정도 머무를 생각이었던 레비-몬탈치니를 설득하여 결국 30년간 미국에 머무르게 되었다. 1956년 워싱턴 대학교는 그녀에게 동물학과 부교수 자리를, 1958년에는 정교수 자리를 제공했다.

레비-몬탈치니는 병아리 배아 연구를 계속해 그녀의 가설처럼 신경세포의 분화와 성장에 특정 물질이 필요함을 증명했다. 그녀는 여러 단계의 발생 중인 배아의 얇은 절단면을 조심스럽게 관찰하면서 각 단계별로 새로운 신경세포의 수를 세고 위치를 표시했다. 그리고 마침내 1947년에 신경세포는 이미 결정된 목적지로 이동한다는 사실과 배아 면역계의 작용으로 일어나는 세포의 소멸과 제거에 관한 연구 결과를 얻었다. 놀랍게도 신경은 배아의 사지를 절단한 경우뿐만 아니라 정상 발달 과정 중에서도 소멸되고 잠시 생겼던 흔적조차 빠르게 지워버렸다.

이런 사실을 바탕으로 그녀는 새로운 신경이 성장하고 유지하기 위해서는 사지에서 나오는 어떤 물질이나 호르몬이 필요하다고 결론을 내렸다.

암, 뱀독과 침샘

1950년 레비는 햄버그의 제안에 따라 쥐의 종양 세포를 병아리 배아에 이식했다. 그 결과, 종양 세포로 인해 신경섬유가 빠르게 자라나는 것을 관찰했다. 그녀는 종양 세포에서 '성장인자'라는 강력한 화학물질이 분비되어 신경세포의 성장을 촉진시키는 것으로 추측했다.

다음에는 종양 세포를 오직 배아의 혈관에만 연결해 배아막 외부에 이식했다. 그 결과, 여전히 병아리 배아의 신경은 잘 자랐고 레비-몬탈치니는 이를 통해 신경성장인자는 신경을 통해서 전달되는 것이 아니라 혈관을 통해 이동한다는 것을 증명했다.

한편 의과대학 시절의 친구이자 생체 외에서 조직을 배양하는 기술에선 전문가였던 헤르타 마이어가 브라질에서 왔다. 그는 레비에게 자신의 기술을 알려주었는데 조직을 유리나 플라스틱 안에서 키우면 동물의 몸 안보다 더 다양한 실험 조건을 설정할 수 있고 예기치 못한 복잡한 변인에 의해 방해받는 것을 막을 수 있었다.

이 기술을 통해 레비-몬탈치니는 신경성장인자의 존재를 확인하는 데 더욱 박차를 가할 수 있었다. 그녀는 종양 세포가 있는 실험용 쥐 두 마리를 자신의 외투 주머니에 넣고 세관을 몰래 통과하여 1952년부터 일 년간 브라질의 생체 연구소에서 연구를 계속했다.

레비-몬탈치니는 친구의 연구실에서 병아리 신경조직 조각에 직접 닿지 않게 종양 세포를 근처에 두었다. 놀랍게도 몇 시간 후 병아리 신경조직에서 방사형으로 새로운 신경섬유가 자라는 것이 관찰되었고 이를 통해 1953년 종양 세포에서 특정 물질이 분비되어 신경세포에 작용한다는 것을 확신했다. 며칠이 지나자 신경조직에서 자란 신경섬유는 암세포를 향해 더욱 자랐다.

세인트루이스로 돌아온 레비는 생장 인자를 분리하기 위해 생화학자인 박사 후 과정 연구원 스탠리 코헨과 같이 일하게 되었다. 레비는 코헨이 실험에 사용할 충분한 양의 성장인자를 만들기 위해 쥐의 몸에 종양을 키우는 데 일 년을 보냈다. 이처럼 시간이 오래 걸린 이유는 과량의 핵산 때문에 신경성장인자를 순수하게 분리하는 것이 힘들었기 때문이다.

워싱턴 대학에서 같이 재직했고 몇 년 후 생리의학 분야에서 노벨상을 받기도 한 생화학자인 아서 콘버그는 레비-몬탈치니에게 신경성장인자의 순수한 분리 정제에 방해되는 과량의 핵산을 제거하는 데 뱀독을 사용할 것을 제안했다. 콘버그의 충고를 받아들여 뱀독을 이용한 그녀는 놀랍게도 뱀독을 처리한 부분에서 이전보다 더 빨리 신경섬유의 성장이 촉진됨을 확인했다. 그녀는 뱀독 성분 중 일부가 종양 추출물에 존재하는 신경 성장 억제 물질을 중화시키거나 그들이 찾고 있는 성장인자와 비슷한 성분을 가지고 있기 때문이라고 생각했다.

나중에 이 가정은 사실로 판명되었다. 놀랍게도 뱀독은 종양 세포 추출물보다 신경성장인자가 3,000배나 많이 들어 있었다. 이 우연한 발견으로 그들은 쥐의 침샘으로부터 짧은 시간 동안 더 많은 신경성장인자를 분리할 수 있었다. 포유류의 침샘이 파충류의 독샘과 같은 기원을 가진다는 판단이 적중한 것이다.

싸고 풍부한 쥐의 침샘 덕분에 코헨은 성공적으로 신경성장인자를 분리할 수 있었고 샘플 분석을 통해 성장인자가 여러 아미노산으로 구성된 단백질이란 사실과 분자량, 물리화학적 특성도 알게되었다.

6년이 넘도록 레비-몬탈치니는 신경성장인자의 생물학적 특성을 연구했고 코헨은 화학적 특성을 연구했다. 갓 태어난 설치류에 신경성장인자를 주입하면 많은 새로운 신경들이 형성되었는데 면역학적 기법을 이용하여 그들은 신경성장인자가 특정 신경세포의 분화와 생존에 결정적임을 확인했다. 뱀독의 항혈청은 뱀독을 제거하는 물질 생체 외 실험에서 신경섬유의 성장을 촉진시키지 못했다. 그들은 신경성장인자에만 붙는 항체를 생산하여 처리한 결과, 역시 신경 섬유의 성장을 막는 것을 관찰했다. 마지막으로, 막 태어난 설치류에 신경성장인자 항체를 주입하자 역시 신경의 형성을 거의 막는 것을 알 수 있었다.

이런 놀라운 업적에도 불구하고 워싱턴 대학의 한정된 예산 때문에 햄버그는 코헨에게 정교수 자리를 제공하지 못했고 결국 1959년 코헨은 밴더빌트 대학교로 떠났다. 그리고 새로운 연구원인 피에로 앙겔레티가 레비의 연구를 돕게 되었다.

다시 집으로

1961년 레비-몬탈치니는 이탈리아로 돌아왔다. 피에로 앙겔레티의 도움으로 그녀는 로마에 있는 고등건강연구소를 설립하고 그곳에서 연구를 계속했다.

1961년 이탈리아 국가 연구회는 그녀의 연구소를 세포생물학 연구소로 바꾸기로 결정했다.

레비는 워싱턴 대학에서 은퇴한 뒤 명예교수직을 부여받는 1977년까지 일 년 중 반은 이탈리아에서, 반은 미국에서 생활했다. 그리고 1979년에는 세포생물학 연구소장직에서 물러난 이후에도 객원 연구원으로 계속 활동했다.

레비-몬탈치니는 미국과학기술원, 벨기에 로얄 의학학술원, 유럽 과학학술원, 이탈리아 국립과학학술원 등 수많은 과학기관에 참여했다. 1968년 국립과학학술원은 그녀를 1863년 설립 이래, 열 번째 여성 회원으로 선출했고 1974년에는 로마 교황 과학학술원의 최초 회원으로 뽑히게 되었다. 그녀는 수없이 많은 상을 받았는데 1986년 마침내 과학자로서 가장 영예로운 상인 노벨 생리의학상을 받았다. 1987년 로널드 레이건 대통령은 그녀에게 미국 과학자에게 가장 영광스러운 국민과학훈장을 수여했다. 또한 하버드 대학교, 런던 대학교 등 많은 학교들이 레비에게 명예 학위를 수여했다.

그녀가 배아 신경생물학 분야를 개척함으로써 세포 성장과 분화에 관한 많은 수수께끼들이 풀렸다. 1952년 그녀가 신경성장인자를 발견한 이래로 과학자들은 다양한 종류의 세포와 조직에서 비슷한 기능을 하는 인자들을 연구하여 그 존재를 증명했다.

그녀의 연구는 비단 발달생물학 분야의 분자생물학적 발전뿐만 아니라 많은 질병의 효과적인 치료법을 발견하는 데 교두보 역할을 하였다. 신경성장인자는 퇴행성 신경질환의 진행을 늦추거나 척추 손상 환자의 운동 뉴런 성장을 촉진한다. 또한 신경성장인자는 화상 치료를 촉진시키며 화학 요법이나 방사능 요법의 부작용을 줄이고 욕창, 각막 궤양의 치료에도 효과적이다.

신경성장인자의 효과와 미래

1980년대에 과학자들이 신경 성장 물질의 중요성을 인지하면서 리타 레비-몬탈치니의 30년 전 논문부터 검토하기 시작했고 연구의 독창성을 인정받아 1986년 그녀는 노벨 생리의학상을 수상했다.

그녀의 연구는 1950년대 초부터 시작되었으므로 과학자들은 신경성장인자에 대한 많은 양의 정보를 얻을 수 있었다. 신경성장인자는 신경조직의 생존에 필수적인 화학물질인 '뉴로트로핀' 군에 속하는 단백질로, 분비되면 세포의 표면에 있는 특정 수용체를 찾아서 인식한다.

> **뉴로트로핀** 신경의 발달과 생장을 조절하는 여러 종류의 폴리펩티드
>
> **축색** 세포체에서 표적세포까지 신경 신호를 전달해 주는 뉴런의 한 부분으로 길게 뻗어 있음

신경성장인자를 인식하고 반응하는 특별한 수용체를 가지는 세포를 표적세포라 한다. 신경성장인자가 표적세포의 수용체에 붙으면 일련의 생화학 변화를 일으키고, 그로 인해 신경세포 내에서 '축색'의 생장을 촉진하는 단백질의 활성화가 일어난다. 축색이 성장하여 다른 표적세포에 도달하면 '시냅스'가 형성된다. 시냅스에서는 신경전달물질이 분비되어 시냅스 후세포의 수용체에 붙고 이는 신경세포 간의 정보교환 방법이 된다.

1971년 레비-몬탈치니의 박사 후 과정 동료였던 루스 호그 앙겔레티와 생화학자 랄프 브레드쇼는 신경성장인자의 아미노산 서열을 결정했다. 1983년에는 신경성장인자를 암호화하는 유전자를 찾아내어 생명공학적 방법으로 좀더 쉽게 합성하는 길을 열어주었다.

뇌졸중, 외상, 노화 질병으로 인한 신경 손상은 매우 위험하다. 신체에는 신경조직의 재생을 막는 특별한 기작이 존재하기 때문이다. 따라서 많은 의학 연구원들은 뇌나 척수 손상, 알츠하이머나 파킨슨 병 같은 퇴행성 신경질환을 가진 환자에게 신경성장인자를 처리하여 치료하는 법을 연구 중이다.

2004년 미국신경학회에서는 샌디에고 캘리포니아 주립대학의 마크 투젠스키 박사와 동료가 신경성장인자를 생산하도록 조작된 피부세포를 알츠하이머 병에 걸린 환자의 뇌에 이식하여 뇌세포의 파괴를 지연시키고 세포 활성을 높였다는 연구 보고서를 발표하였다. 또 다른 연구로는 런던 임페리얼 칼리지의 그레이 호튼 박사와 동료가 발표한 것으로, 환자에게 뉴로트로핀을 뇌에 직접 주입함으로써 파킨슨 병 환자의 징후가 40퍼센트나 호전되었다는 사례보고가 있다.

연 대 기

1909	4월 22일 이탈리아 토리노에서 리타 레비-몬탈치니 출생
1936	토리노 대학에서 의학 학위 받음
1936~38	쥬세페 레비를 도와 토리노 대학에서 연구원 생활
1939	벨기에 브뤼셀의 신경학 연구소에서 연구
1940~43	집에서 비밀리에 병아리 배아 발달 연구
1943~44	이탈리아 플로렌스에서 숨어 지냄
1944~45	연합군 병사를 위해 피난처에서 의료 봉사
1945	쥬세페 레비와 연구 재개
1946~52	세인트루이스 소재 워싱턴 대학에서 신경성장인자 발견을 이끄는 연구 시작
1952~53	브라질 리우데자네이루 소재 생체 연구소에서 생체 외 연구를 수행하기 위해 방문

1953~59	워싱턴 대학교에서 스탠리 코헨과 함께 신경성장인자를 규명하고 분리하기 위해 공동 연구
1956	워싱턴 대학교 동물학 부교수 됨
1958	워싱턴 대학교 동물학 정교수 됨
1962~69	이탈리아 로마에 고등건강연구소에 연구동 설립
1969~78	로마의 이탈리아 국가 연구회 산하 세포생물학 연구소 장을 맡고 은퇴 후 객원 교수가 됨
1977	워싱턴 대학교 명예교수가 됨
1986	신경성장인자의 발견으로 코헨과 노벨 생리의학상 공동 수상
1987	국민과학훈장 받음

Chapter 10

DNA의 분자구조를 발견한,

제임스 왓슨

James Watson
(1928~   )

DNA의 이중나선 구조

인간의 몸은 약 10조 개의 세포로 구성되어 있으며 모든 세포는 생명의 비밀을 담은 DNA를 갖고 있다. DNA는 세포 내 직경 1,000분의 1mm 정도 되는 핵 안에 꽁꽁 뭉쳐져 있다. 실처럼 가는 이 물질을 전부 펴서 연결하면 세포 하나에 들어 있는 DNA의 길이는 거의 1m 가까이 된다.

이미 1865년에 오스트리아의 수도사 그레고어 멘델이 유전자의 개념을 제안했지만 1940년대에 이르러서야 오스왈드 에버리가 유전에 관여하는 물질은 DNA임을 밝혀냈다.

이후 10년간 세계 각국의 많은 과학자들이 DNA에 관심을 가지고 이 물질의 분자구조를 밝히고자 노력했다. 그러던 중 무명의 두 과학자가 DNA 분자가 이중나선 구조를 이루고 있음을 밝혀냄으로써 생물학계에 일대 혁명을 일으킨다. 이 두 명의 과학자가 바로 제임스 듀이 왓슨과 프랜시스 크릭(1916~2004)이다.

이들의 발견은 분자생물학이라는 새로운 학문의 지평을 열었다. 이중나선 구조는 DNA가 어떻게 복제되는지를 설명해 주었을 뿐 아니라 단백질을 합성하는 데 필요한 설계도도 제시했다. 흥미롭고 적당한 연구 과제를 찾고자 노력하던 연구생 왓슨이 연구를 시작한 지 겨우 일 년 만에 25세의 나이로 생물학계가 그동안 해결하지 못한 두 가지 난제를 풀어낸 것이다.

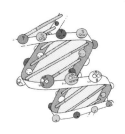

중서부의 평범한 가정에서

제임스 듀이 왓슨은 1928년 4월 6일 일리노이 주 시카고에서 태어났다. 어려서부터 학업에 두각을 나타낸 왓슨은 공립학교를 조기 졸업하고 열다섯의 어린 나이로 시카고 대학에 입학했다. 왓슨은 입학 당시에는 **조류학**을 전공하려 했으나 1947년 동물학 학사로 졸업했다.

졸업 후 블루밍턴에 있는 인디애나 대학으로 옮긴 왓슨은 1950년 〈바이러스가 **'박테리오파지'**의 증식에 미치는 영향에 관한 연구〉로 동물학 박사학위를 땄다.

조류학 새를 연구하는 학문
박테리오파지 세균을 감염시키는 바이러스

인디애나 대학에서 연구하면서 유전학에 흥미를 느낀 그는 미국 국가조사위원회에 뉴클레오티드 화학과 바이러스 생식에 관한 연구 지원을 요청했고, 이 요청이 받아들여져 덴마크의 코펜하겐 대학에서 생화학자 헤르만 칼카와 함께 연구를 시작했다.

왓슨은 1951년 5월 나폴리에서 열린 생물고분자물질구조학회에 참석했다. 그는 여기서 런던 대학 킹스 칼리지의 의학연구위원회 생물물리학과에서 연구하던 뉴질랜드 태생의 영국 생물물리학자 모리스 H. F. 윌킨스(1916~2004)가 결정화된 DNA로부터 얻은 X선 회절무늬에 대해 발표하는 것을 듣게 되었다. 당시 DNA의 구조는 밝혀지지 않았는데 이 X선 회절무늬는 DNA 구조가 질서정연하고 잘 조직화된 형태를 가지고 있다는 단서를 제공해 주는 것이었다.

같은 해 왓슨은 케임브리지 대학의 제안을 받아들여, 캐번디시 연구소에서 영국인 화학자 존 켄드류와 함께 산소 운반 근육 단백질인 '미오글로빈'의 삼차원 구조를 연구하기 시작했다. 이곳 캐번디시 연구소에서 왓슨은 수다쟁이로 소문난 프랜시스 크릭을 만났다. 크릭은 생물계의 분자구조 연구를 위해 설립된 의학연구위원회에 소속되어 단백질 구조를 연구하고 있었다. 그는 쉴 새 없는 수다로 그의 동료 연구자들을 귀찮게 하기도 했지만 매우 직관적인 사고력을 지닌 영국인 과학자였다. 사

미오글로빈 산소를 운반하는 근육 단백질

프랜시스 크릭은 뉴클레오티드의 구조 발견으로 제임스 D. 왓슨, 모리스 윌킨스와 함께 노벨 생리의학상을 공동 수상했다.

실 그는 1954년까지도 박사학위를 취득하지 못했다. 왓슨과 크릭은 이 만남 이후 그들이 여러 가지 공통점, 특히 DNA의 구조의 비밀을 가장 먼저 풀어내고자 하는 열망을 가지고 있음을 깨달았다.

난해한 단서들

당시 DNA에 관해 알려진 정보들은 다음과 같았다.

먼저 기본 구성단위인 뉴클레오티드는 디옥시리보오스라고 부르는 당 부분과 음전하를 띤 인산기, 그리고 네 가지의 서로 다른 염기로 이루어져 있다. 이들 염기들은 크게 '**피리미딘**'과 '**퓨린**'으로 나눌 수 있다. '**시토신**'과 '**티민**'은 피리미딘에 속하고 질소와 탄소 원자로 구성된 하나의 고리로 된 화학구조를 가지고 있다. 반면에 다른 두 개의 염기 '**아데닌**'과 '**구아닌**'은 퓨린에 속하며 이중 고리 구조로 되어 있다.

피리미딘 뉴클레오티드에서 발견되는 단일 고리의 질소 염기들

퓨린 뉴클레오티드에서 발견되는 이중 고리의 질소 염기들

티민 DNA에서 발견되는 피리미딘 질소 염기 중의 하나

아데닌 뉴클레오티드에서 발견되는 질소 퓨린 염기 중의 하나

구아닌 뉴클레오티드에서 발견되는 질소 퓨린 염기 중의 하나

체코 계 미국인 생화학자 어윈 샤가프는 자연계의 모든 생물종은 서로 다른 양의 DNA를 가지고 있지만 한 생물종에서 전체 DNA에 대한 아데닌과 티민의 구성비율이 항상 일치한다는 사실을 발견했다. 시토신과 구아닌에 있어서도 마찬가지였다. 이 발견은 당-인산

뉴클레오티드

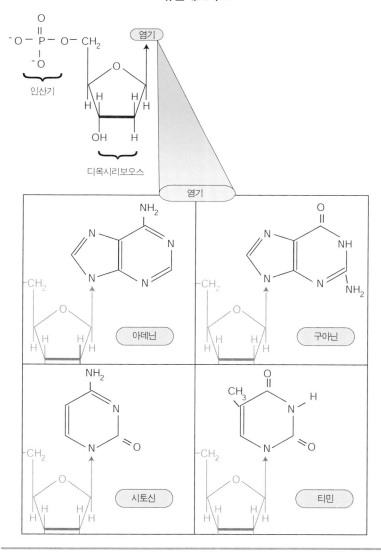

DNA는 디옥시리보오스 당과 인산기 그리고 네 가지 염기 중 하나로 이루어진 뉴클레오티드가 서로 연결되어 이루어진 중합체이다.

골격으로 연결된 뉴클레오티드 중합사슬에 의해 일정한 각도로 위치하는 염기들이 아데닌과 티민, 시토신과 구아닌의 짝을 이루어 서로 맞은편에 위치할 가능성을 제시했다. 이를 뒷받침하는 또 하나의 정보인 DNA 분자의 너비를 측정해 본 결과, 하나의 뉴클레오티드 중합사슬에 비해 훨씬 두꺼웠다. 이러한 가능성이 제기되고 있을 때, 미국인 생화학자 라이너스 폴링(1901~1994)이 단백질의 알파나선구조를 발견했다. 폴링의 발견에 영감을 받은 과학자들은 DNA도 나선구조를 가질 거라고 생각하기 시작했다.

한편, 윌킨스가 나폴리에서 발표한 결정화된 DNA의 X선 회절무늬는 왓슨을 흥분시켰다. X선 회절무늬는 생화학자들이 분자구조를 밝히는 데 이용하는 X선 구조 결정 연구(X선 결정학)의 결과물이다. 그렇다면 결정화된 DNA란 무엇을 말하며, X선 결정학이란 무엇일까?

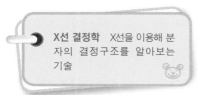

X선 결정학 X선을 이용해 분자의 결정구조를 알아보는 기술

X선 회절무늬에서 회절이란 파동이 장애물을 지나갈 때 발생하는 굴절을 말하며, 결정화된 DNA에 X선을 쪼이면 DNA 분자를 구성하는 원자들에 의해 굴절이 일어난다. 원자는 가시광선의 파장에 비해 너무나 작아서 가시광선이 굴절되지 않고 통과하기 때문에 가시광선을 사용하는 현미경으로는 볼 수가 없다. 하지만 X선의 파장은 아주 짧기 때문에 원자나 분자를 관찰할 때 X선을 이용한다. 그런데 X선을 사용해 어떤 물질을 관찰하려면 먼저 그 물질을 결정화시켜야 한다. 여기서 결정화란 분자들이 질서정연하게, 다시 말해

원자 사이의 간격이 일정하게끔 배열되는 과정을 말한다. X선은 결정화된 DNA 분자를 만나 굴절되고 특수한 격자구조로 되어 있는 공간을 통과하여 맞은편에 있는 사진 필름에 흐릿한 원 모양의 독특한 무늬를 만들어낸다. 이러한 실험을 통해 얻은 무늬를 분석하여 분자의 구조를 결정하는 학문을 'X선 결정학'이라 한다. 윌킨스의 X선 회절무늬는 DNA의 구조가 규칙적임을 예측하게 하였고, 결과적으로 왓슨이 DNA 구조를 밝혀낼 수 있다는 확신을 갖게 했다.

윌킨스가 연구하던 킹스 칼리지에는 윌킨스뿐 아니라 X선 결정학에 유능한 물리화학자인 로잘린드 프랭클린도 있었다. 그녀는 윌킨스와는 별도로 연구를 수행했는데 왓슨은 1951년 11월 세미나에 참석해 DNA의 형태에 관한 그녀의 강연을 들었다. 왓슨은 미리 X선 결정학의 원리에 대해 공부해 오는 열성을 보였고, 비록 완전히 이해하지는 못했지만 그녀의 발표 내용에 몹시 흥분했다. 당시에는 발표 내용을 잘 적어두지 못한 덕분에 결정화한 DNA 표본의 물 함량을 정확히 기억하지 못해 크릭을 성가시게도 했지만 왓슨은 이때 나선형의 DNA 구조를 확신했다고 한다.

치열한 경쟁

현재까지 알려진 정보들을 모두 활용하려면 실제로 물리적인 모형을 만들어보는 것이 가장 효과적이라고 생각했던 왓슨은, 가장 먼저 캐번디시에 있는 한 공구점에 공과 막대기로 형태를 만든 뉴클레오티드 모형을 주문하고 그것들이 도착하기를 기다렸다. 그는 모형을 여러 가지 방법으로 계속 끼워 맞춰보면서 자신의 창조물이 현재까지 알려진 DNA에 관한 사실을 모두 만족하는지 확인하는 작업을 계속했다.

1951년 말, 왓슨은 당과 인산기를 길게 연결한 사슬을 중심으로 하고 염기들은 바깥 면을 향하는 삼중나선 구조 모형을 고안했다. 그리고 킹스 칼리지의 윌킨스와 프랭클린에게 노력의 성과를 조심스레 선보였다. 그러나 윌킨스와 프랭클린은 이 모형이 실제 DNA 분자에 비해 10분의 1에 불과한 물 함량을 가지고 있다고 지적했고, 그들의 노력은 결국 웃음거리가 되었다. 그러자 당시 캐번디시 연구소장으로 있던 로랜스 브래그 경은 왓슨과 크릭에게 DNA 연구를 중단하라고 지시했다. 같은 연구를 킹스칼리지에서 이미 하고 있을 뿐 아니라 그들보다 앞서 있다는 이유에서였다(당시 영국에서는 연구비의 낭비를 막고자 영국 내의 두 연구소에서 같은 연구를 경쟁적으로 하지 못하도록 했다). 그들은 쉽게 포기하고 싶지 않았지만 결국은 지시에 따를 수밖에 없었다.

DNA 연구를 중단한 왓슨은 담배모자이크 바이러스의 구조를 연구했지만 DNA에 대한 미련을 버리지 못한 채, 발표되는 DNA 구조 정보에 계속 관심을 기울였다. 그들이 저질렀던 실수를 되풀이하지 않기 위해 크릭은 '수소 결합'을 더 공부했다. 이 수소 결합이 바로 나중에 밝혀질 이중나선 구조에서 두 나선 가닥을 결합시키는 힘이다. 이때 왓슨은 화학 이론을 공부하면서도 DNA 분자의 X선 회

절무늬를 더 잘 이해하고자 X선 결정학을 공부하고 있었다. 이와 같은 X선 결정학에 대한 지속적인 관심으로 왓슨은 X선 결정학을 통해 담배모자이크 바이러스의 나선구조를 밝히는 단서를 얻기도 했다.

그 후 얼마 되지 않아 미국의 라이너스 폴링은 화학결합에 대한 연구와 이를 응용한 복잡한 물질구조 규명에 대한 공로로 노벨 화학상(1954)을 수상했다. 이 당시 폴링은 DNA 구조를 밝히려는 연구진 중 선두 그룹에 속해 있었다. 1952년 가을부터 라이너스 폴링의 아들 피터 폴링은 왓슨이 소속된 존 켄드류의 연구실에 있었다.

1953년 2월 라이너스 폴링은 자신의 연구 결과를 미리 피터에게 선보였는데 당-인산 골격을 중심으로 하는 삼중나선 구조를 주장하는 내용의 원고였다. 폴링도 불필요한 수소 원자를 인산기에 추가해 세 가닥의 사슬을 묶는 힘으로 추정하는, 왓슨과 똑같은 실수를 저질렀다.

DNA 분자에서 수소 원자를 추가하면 전하를 잃어버린다. 하지만 DNA가 전하를 가지고 있다는 증거는 충분해서 삼중나선 구조의 오판은 풀리게 되었다. 사실 이후 폴링은 더는 새로운 연구 결과를 내지 못한 채 경쟁에서 밀려났지만 왓슨은 폴링이 DNA 구조 해명의 결승점에 거의 도달했음을 느꼈다.

알려지지 않은 이유로 폴링에게 화가 난 브래그는 왓슨의 DNA 연구를 허락하고 킹스 칼리지 연구진과의 협력연구도 장려했다. 이에 왓슨은 곧장 킹스 칼리지로 달려가 프랭클린에게 폴링의 연구 결과를 알리고, 분자 모형을 통해서 접근하면 더 빠르게 DNA 구조를 해명할 수 있다고 설득했다. 그러나 그녀는 왓슨의 이야기를 무시하면서 어떠한 실험 결과도 DNA가 나선형임을 보여주지 않는다고 선언했다. 하지만 결국 왓슨은 프랭클린의 비협조적 태도에 지친 윌킨스로부터 프랭클린이 촬영한, DNA의 나선형 구조를 보여주는 X선 회절 사진을 받았다.

결승점 그 너머

왓슨과 크릭은 다시 뉴클레오티드 모형을 이용해 DNA 구조를 만드는 데 매진했다. 그리고 2월이 지나가기 전에 결국 완벽한 DNA의 3차원 구조를 발견했다. 이 모형은 프랭클린이 그들에게 알려주기를 거부했던 실험 결과와도 일치했다. 그들은 이 실험 결과를 연구비 지원 심사를 위해 위원회에 제출했다.

1953년 3월, 왓슨과 크릭은 생물학에 있어서 이정표가 된 논문인 〈DNA의 구조〉를 〈네이처〉 지에 발표했다. 그해 5월에는 연계되는 논문을 〈네이처〉 지에 발표했다. 그 논문은 그들이 밝혀낸 구조로부터 유추해낸 DNA 복제에 관해 설명한 〈뉴클레오티드 구조의 유전학적 암시〉였다.

발표한 논문에서 왓슨과 크릭은 DNA가 두 개의 평행한 나선 가닥이 서로 얽힌 형태로 이루어져 있다고 추측했다. 이때 두 평행한 뉴클레오티드 중합체 가닥은 서로 상보적인 서열을 갖는다. 다시 말해 하나의 가닥에 있는 염기는 반대편 가닥의 특정한 염기와 결합하여 쌍을 이룬다. 구체적으로 아데닌은 티민과 수소 결합을 형성하고 구아닌은 시토신과 결합한다. 이때 가닥의 바깥 부분은 당과 인산기의 반복으로 이루어지며 안쪽에는 염기쌍이 반복된다. 이를테면 이중나선 구조의 꼬임을 풀면 그 구조를 사다리에 비유할 수 있다. 사

이중나선

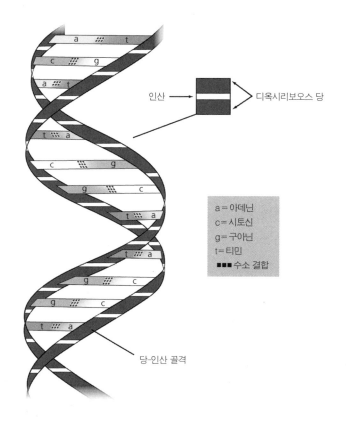

인산 →

디옥시리보오스 당

a = 아데닌
c = 시토신
g = 구아닌
t = 티민
■■■ 수소 결합

당-인산 골격

이중나선 모델은 두 가닥의 DNA가 상보적인 염기쌍에 의해 나선형으로 감겨 있는 것을 보여
주었다. 아데닌은 구아닌과 이중수소 결합으로 연결되어 있고 시토신은 티민과 삼중수소결합
으로 연결된다.

다리의 긴 다리 부분이 당-인산 골격이라 하면 디딤대 부분은 염기쌍으로 볼 수 있다.

DNA 구조를 밝혀냄으로써 왓슨은 세포분열 이전에 유전물질이 복제되는 방법을 간단하게 설명할 수 있었다. 먼저 두 개의 얽혀 있던 가닥이 염기 사이의 수소 결합이 끊어지면서 분리되면 DNA 복제를 담당하는 장치가 끼어들어 한쪽 가닥에 대해 상보적인 뉴클레오티드를 붙여나간다. 그러면 떨어져나간 가닥과 일치하는 새로운 DNA 분자가 생겨난다. 이렇게 복제되는 염기의 순서가 바로 단백질을 합성하는 설계도의 역할을 하는 유전자이다.

1953년 왓슨은 뉴욕의 롱 아일랜드에 위치한 콜드 스프링 하버 연구소^{CSHL}에서 개최한 바이러스 관련 학회에 참석한 후, 캘리포니아 공과대학에서 생물학 주임 연구원직을 맡았다. 이곳에서 1955년까지 RNA의 X선 회절 연구를 하다가, 크릭과 함께 바이러스 연구를 하기 위해 캐번디시 연구소로 돌아왔다.

왓슨은 1976년까지 하버드 대학 생물학 교수로 재직했다. 이 기간에 그는 단백질 합성 방법을 알아내고자 DNA와 비슷한 구조를 가진 RNA를 연구했다.

1962년 왓슨과 크릭, 윌킨스는 DNA의 분자구조 해명 및 유전정보 전달 연구로 노벨 생리의학상을 수상했다. 비록 구조 해명에는 프랭클린의 연구 결과가 핵심 역할을 했지만 프랭클린은 이미 세상을 떠난 후였고, 노벨상 후보자 선정은 생존 인물만을 대상으로 하기 때문에 그녀는 수상하지 못했다.

1965년 왓슨은 최초의 분자생물학 교과서《유전자의 분자생물
학》을 집필했다. 이 책은 현재 5판까지 나와 있다. 3년 후 왓슨은
DNA 구조의 발견에 얽힌 일화를 소설 형식으로 풀어쓴《이중나
선》을 발표했다. 이 책은 동료들에게 느낀 감정과 경쟁을 극적으로
잘 표현하여 대중의 호응을 얻는 베스트셀러가 되었다.

왓슨은 이 회고록을 통해 과학 연구가 결코 솔직한 방법으로만 행
해지지 않는다는 사실을 말하고 있다.

영향력 있는 지위

왓슨은 1968년 엘리자베스 루이스와 결혼해 두 아들, 러퍼스 로
버트와 던컨 제임스를 두었다. 결혼하던

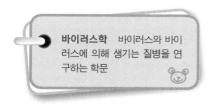

바이러스학 바이러스와 바이
러스에 의해 생기는 질병을 연
구하는 학문

해에 그는 콜드 스프링 하버연구소의 책
임자가 되었고 거기서 **바이러스학**, 유전학,
암에 대한 연구를 계속했다. 1890년에 설
립된 콜드 스프링 하버 연구소의 창설목표 중 하나가 유전학의 발전
이었다.

왓슨이 이끄는 동안 콜드 스프링 하버 연구소는 연구대상 확대
와 교육 프로그램의 활성화를 추진하는 등 연구 범위를 넓혀나갔
다. 왓슨은 1994년 콜드 스프링 하버 연구소의 소장이 되었다(현
명예소장).

콜드 스프링 하버 연구소는 현재 세포와 분자생명과학의 다양한

주제를 연구하는 50명이 넘는 연구원이 속해 있고, 매년 최신 연구 성과에 대해 의견을 나누고자 모이는 과학자의 수는 7,000명이 넘는다. 1998년에는 콜드 스프링 하버 연구소 내에 박사학위 수여기관으로 왓슨 생명과학학교가 설립되었다.

1988년부터 1992년까지 왓슨은 부책임자에 이어 책임자로 미국국립인간게놈연구소에서 일했다. 미국국립인간게놈연구소는 미국국립보건원의 한 분과로서 인간 게놈 프로젝트를 주도했다. 그 결과, 2003년에는 약 30억 개의 염기쌍으로 이루어진 인간 게놈 서

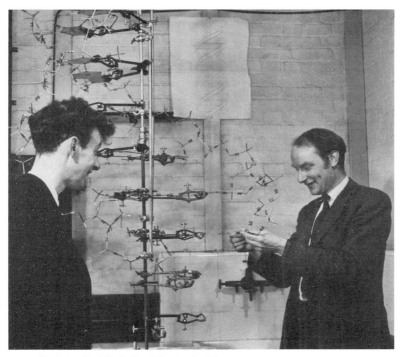

DNA 이중나선 모형과 함께 있는 왓슨(왼쪽)과 크릭

열이 완전히 밝혀졌다. 이러한 과학 연구뿐 아니라 연구에 따라 일어날 윤리 문제에도 관심을 가진 왓슨은 정책상의 이견으로 인해 1992년 책임자 자리를 사임했다. 하지만 과학 연구에 배정되는 연방기금을 확대하기 위해 헌신적인 대변인으로 활동하고 있다.

왓슨은 훌륭한 과학자로 유명할 뿐 아니라 노벨상을 비롯해 자유훈장(1977)과 국가과학상(1977) 등의 많은 상을 받았다. 또한 그는 미국과학학회, 왕립자연과학학회 등 유수의 학술단체들에 소속되어 있다.

DNA 구조에 대한 지식은 이후 생물학자들이 생명의 신비로 다가가는 길을 열어주었다. 왓슨과 크릭이 이중나선 구조를 풀어낸 이후 반세기 동안 과학자들은 유전자의 물리적 본질을 정의할 수 있었고 DNA가 어떻게 생명체를 구성하는 수만 개의 단백질을 암호화하는지도 알아냈다. 종의 진화를 일으키는 분자적 기작과 여러 유전질환의 원인도 밝혀냈다.

이러한 생물학의 분자혁명으로 최근 10년 사이에는 복제, 유전자 지문조회, 유전자 치료법, 유전공학 등의 기술들이 실용화되었다. 특히 인간 유전자 지도의 완성은 유전학에 바탕을 둔 의료기술의 급속한 발전을 가능하게 했다. 이러한 의료기술의 일환으로 개인의 특정 질병 발생률을 예측하여 효과적으로 치료하기 위한 유전학적 진단기술, 유전병에 대한 유전자 치료법 등의 의료기술이 실용화 단계에 이르고 있다.

물론 이러한 새로운 기술의 범람으로 발전에 뒤따르는 윤리 문제를 해결해야 하는 사회적 책임감도 커지고 있다.

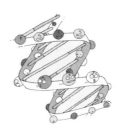

로잘린드 프랭클린은 왓슨이 호전적이고 무뚝뚝하며 사교적이지 못한 페미니스트로 묘사한 X선 결정학자이다. 그녀는 성실하고 헌신적이며 재능 있는 과학자였음에도 20세기 과학계에 만연했던 성차별로 인해 업적을 인정받지 못한 채 요절한 불운한 여성이다.

1920년 7월 25일 런던의 유복한 유대인 집안에서 태어난 프랭클린은 특히 과학 과목에서 두드러진 성적을 거두며 1941년에 케임브리지 대학을 졸업한 후 케임브리지의 뉴넘 칼리지에서 기체 크로마토그래피 연구를 시작했다. 그러나 프랭클린은 지도교수와의 불화로 학교를 그만두고 석탄의 화학물리적 성질을 연구하던 대영 석탄활용연구협회에 보조연구원으로 취직했다. 그녀는 이곳에서의 연구를 토대로 케임브리지 대학에 박사학위 논문을 제출하고 1945년 물리화학 박사학위를 취득했다. 이후 프랭클린은 프랑스 파리의 국가화학중앙연구소에서 일하면서 X선 결정학을 익혔다. 왓슨이 캐번디시 연구소로 들어갔을 무렵, 그녀는 존 랜달 경이 책임자로 있던 킹스 칼리지 의학연구위원회 생물물리학과의 연구원으로 채용되어 영국에 돌아왔다. 이때부터 프랭클린은 X선 결정학을 응용해 DNA 구조를 밝히려는 연구를 계속했다.

모리스 윌킨스와 로잘린드 프랭클린은 스위스 연구소에서 얻은 X선 섬유를 연구하면서 처음 만났다. 하지만 윌킨스는 프랭클린을 보조연구원 정도로 대했기 때문에 동등한 대우를 원하는 프랭클린과의 불화는 당연한 결과였다. 둘 사이의 적대감은 고조되어갔고, 결국 그들은 같은 연구를 하면서도 정보 공유를 중단하기에 이르렀다. 그들은 DNA 구조 분야에서 경쟁력 있는 연구 그룹이었지만 그들의 불편한 관계는 연구진행에 큰 차질을 빚었다. 당시 프랭클린은 공개적으로는 DNA의 나선구조를 부인했지만 이미 나선구조를 보여주는 X선 사진을 찍은 상태였다. 하지만 신중한 그녀는 확증이 필요해 발표하지 않았다. 그리고 그 사진을 윌킨스가 왓슨과 크릭에게 보여주었다.

프랭클린은 왓슨과 크릭이 DNA 구조 모형을 발표했을 때, 함께 연구하던 대학원생 레이몬드 고슬링과 함께 재빨리 동반 논문 〈소듐 티모뉴클리에이트에서의 분자 형태〉를 제출했다. 이 논문은 왓슨과 크릭의 역사적인 논문과 함께 〈네이처〉 지에 실렸는데 바깥쪽에 인산 골격을 가진 왓슨과 크릭의 이중나선 구조 모형을 지지하는 실질적인 증거였다.

1953년 7월 프랭클린과 고슬링은 DNA의 두 가지 다른 형태 소듐 티모뉴클리에이트와 소듐 디옥시리보뉴클리에이트의 차이점을 자세히 밝힌 〈소듐 디옥시리보뉴클리에이트가 두 개의 나선형 구조를 가지는 증거〉를 〈네이처〉 지에 발표했다.

DNA 구조가 밝혀진 후 프랭클린은 런던 대학 버크백 칼리지의 버널 밑에서 연구를 계속했다. 이때부터 담배모자이크 바이러스의 구조 연구에 몰두하여 그 결과, 담배모자이크 바이러스의 구조를 밝히는 데 큰 공헌을 했다.

프랭클린은 1958년 4월 16일 난소암으로 사망했기 때문에 DNA 구조를 해명한 공헌에 대한 1962년 노벨 생리의학상의 후보자가 되지 못했다. 또 노벨상은 3명 이상이 공동 수여하지 못하는 규칙이 있었기 때문에 그녀가 살아 있다고 해도 수상할 수 있었을지는 장담할 수 없다. 하지만 DNA 구조의 발견에서 그녀의 기여도는 1962년의 노벨상 수여자 세 명과 비교해 결코 적지 않다. 때문에 그녀가 죽은 뒤인 1962년에야 DNA 구조 해명에 대한 공로로 왓슨, 크릭, 윌킨스에게 노벨상을 준 것에는 의문이 남아 있다.

연 대 기

1928	4월 6일 일리노이 주 시카고에서 출생
1947	시카고 대학에서 동물학 학사학위 취득
1950	인디애나 대학에서 박사학위 취득, 코펜하겐 대학에서 미국국가조사위원회의 지원을 받아 연구 시작
1951	케임브리지 대학의 캐번디시 연구소에서 박사 후 연구원으로 근무하면서 DNA 구조에 관해 프랜시스 크릭과 정기적인 토론을 하게 됨. 런던의 킹스 칼리지에서 로잘린드 프랭클린의 DNA 형태에 관한 세미나에 참석
1953	DNA 이중나선 구조를 규명하여 〈뉴클레오티드의 분자 구조〉라는 제목으로 〈네이처〉 지에 논문(크릭과 공동저자) 발표. 연이어 DNA 이중나선 구조가 암시하는 DNA의 기능에 대한 논문 〈DNA의 구조에 유전학적 암시〉〈네이처〉 지를 통해 발표. 캘리포니아 공과대학의 생물학 주임 연구원 재임
1955	크릭과 공동연구를 위해 다시 캐번디시 연구소로 돌아옴.
1956~76	하버드 대학 생물학 교수로 재직하며 RNA 연구

1962	프랜시스 크릭, 모리스 윌킨스와 함께 DNA의 분자구조 해명 및 유전정보 전달 연구로 노벨 생리의학상 수상. 미국과학협회 회원이 됨
1965	최초의 분자생물학 교과서《유전자의 분자생물학》 출간
1968	그가 직접 쓴 책《이중나선》을 통해 대중에게 DNA 구조 발견에 얽힌 이야기를 소개함. 롱 아일랜드의 콜드 스프링 하버 연구소 책임자가 됨
1988~92	미국국립인간게놈연구소의 부책임자 및 책임자로 근무
1994	콜드 스프링 하버 연구소의 소장 역임, 현재 명예소장 직무 수행
2001	《유전자, 소녀 그리고 가모브, 이중나선 이야기의 계속》 출간

여러분은 어릴 때부터 과학이나 과학자에 관한 내용을 들었거나 책을 읽은 적이 있을 것이다. 그렇다면 우리는 과학이나 과학자에 대해 얼마나 알고 있을까? 과학이란 무엇일까? 또 과학자란 어떤 일을 하는 사람들일까? 이러한 질문에 대해 정확하게 대답하기는 쉽지 않다. '과학 ^{science}'의 어원은 '알다'라는 뜻의 라틴어 scientia에서 유래한 것으로, 즉 과학은 단편적 지식이 아닌 체계적인 지식을 의미한다. 또한 과학은 자연의 이치와 경험적 사실로부터 이끌어낸 객관적이고 보편적이며 체계화된 지식과, 그러한 지식을 얻기 위한 인간의 활동이라고 할 수 있다.

학생들이 생각하는 과학자의 모습은 대개 흰 실험복을 입고 실험실에서 분주하게 연구하는 것을 떠올린다. 하지만 모든 과학자가 항상 실험복을 입고 실험실에서 일하는 것은 아니다. 예를 들어 다윈이 진화에 대한 자신의 이론을 만든 과정을 살펴보면 자연에 대한 관찰 결과에 바탕을 두고 자신의 가설과 이론을 확립했음을 알 수 있다. 과학자들은 끊임없이 자연을 관찰하고, 그 속에 존재하는 규칙성을 발견하며, 이를 이용해 자연현상을 설명하고 어떤 일이 일어날지를 예측한다. 과학자들의 이러한 노력은 과학적 지식을 좀 더 객관적이고 신뢰성 있는 체계로 만드는 토대가 된다.

　한 과학자가 밝혀낸 법칙은 어느 누가 똑같은 방법을 이용해 연구해도 항상 같은 결과를 얻을 수 있는 보편성을 지닌다. 하지만 과학 지식은 절대적인 진리가 아닌 시대나 사회에 따라 다른 원리나 법칙으로 바뀔 수 있는 잠정적인 것이다. 예를 들어 현미경이 없던 시절에는 질병이 생기는 원인을 신의 노여움이나 몸을 이루는 체액의 불균형 등으로 설명했지만, 레벤후크가 현미경을 통해 미생물을 찾은 이후에는 세균에 의해 생긴다는 것을 알 수 있었다. 또 에이크만 같은 학자들은 세균에 의해 병이 생길뿐더러 특정 영양소의 결핍에 의해서도 병이 생긴다는 것을 밝혀냈다. 또 고대 그리스 의사인 갈렌이 혈액이 한 방향으로 움직인다는 이론을 주장한 이래로 1천 여 년 동안 맹목적으로 신봉되었지만 17세기의 의사인 하비는 직접 사람의 몸을 관찰하여, 혈액이 순환한다는 혈액 순환론을 주장했다. 이 주장은 당시 사람들에게는 받아들여지지 않았지만 말피기가 동맥과 정맥을 잇는 모세혈관을 발견함으로써 오늘날 혈액 순환론을 믿지 않는 사람은 없다. 이처럼 과학자들이 밝혀낸 사실은 많은 사람들의 검증과 논쟁을 거쳐야만 과학 지식으로 받아들여진다.

　과학자들은 주변의 세계에 대해 호기심을 가지고 문제를 해결하려고 노력한다. 그러기 위해서는 끊임없는 탐구정신과 창의적인 사고력, 문제를 해결하기 위한 집중력과 끈기가 필요하다. 과학자들은 여러 가지 방법으로 문제를 해결한다. 어떤 경우에는 미리 연구 문제를 가지고 조직적으로 계획을 세워 단계별로 연구를 해가는 경우도 있지만 어떤 경우에는 특별한 문제의식이나 계획을 가지고 있지 않았으나 우연히 어떤 현상을 발견하고 그에 의문을 품어 문제를 해결하는 일도 있다. 플레밍이 최초의 항생물질인 페니실린을 발견한 것은 세균 배양 중에 무심코 지나칠 수 있는 곰팡이로 오염된 배양 접시를 보고, '곰팡이가 생긴 배양액 주위는 왜 깨끗할까? 혹시 곰팡이 속에 세균을 죽이는 어떤 성분이 들어 있지 않을까?'와 같은 의문을 품은 데에서 시작되었다.

　생물학은 생물의 구조와 기능을 연구하는 학문으로 연구 대상에 따라 식물학, 동물학, 미생물학, 생태학, 유전학 등으로 구분한다. 20세기에 들어서면서 왓슨과 크릭이 유전정보를 저장하고 있는 DNA의 이중나선 구조를 밝혀냄으로써 생명현상을 분자 수준에서 다루는 분자생물학이 탄생하였다. 이 밖에 자연현상에 대한 이해를 바탕으로 생활에 응용하는 방법을 연구하는 유전공학 같은 분야도 있다. 그런데 우리가 알고 있는 과학자에 대한 정보는 대개 제한적이다. 아마 자신이 알고 있는 과학자의 이름을, 그중에서 생물학자의 이름을 10명 이상 써보라고 했을 때 자신 있게 쓸 수 있는 사람은 얼마 되지 않을 것이다. 여러분이 알고 있는 과학자에 대한 내용은 교과서의 이론 설명 중 잠깐 언급되는 수준이거나 어린이용 위인전에 나오는 미화된 모습으로 알고 있는 것이 대부분일 것이다. 이렇게 단편적으로만 과학자에 대해 알게 되면 여러 가지 고정관념이 생기기 쉽다. 모든 과학자들은 어릴 때부터 천재성이 뛰어나거나 과학자 집안 출신이라거나 뭔가 괴팍한 성격일 거라는 편견 등이 있을 수도 있다. 그러나 이 책에 소개되는 과학자 중에는 전혀 과학과 관련된 일을 하지 않다가 과학자의 길로 접어든 사람도 있고 다른 사람들에게 자신의 이론을 설명하는 것을 부끄러워하는 사람도 있다. 또한 다른 과학자의 발견에 질투를 느껴 시샘을 하거나 싸우기도 하는 등 보통 사람들과 별반 다르지 않다. 다만 그들은 자연에 대한 호기심을 가지고 끊임없이 탐구하는 탐구자일 뿐이다.

이 책에서는 생물학의 각 분야에 길이 남을 업적을 이룩한 10명의 생물학자들의 일생과 업적을 소개한다. 이 책을 통해 각 과학자들마다 자신의 이론을 증명하기 위해 어떤 고뇌와 노력을 기울였는지, 당시의 시대적 상황은 과학자들의 이론을 어떻게 받아들였는지 알 수 있다. 또 실제로 발견한 과학 이론이 어떤 내용인지, 그리고 생물학의 발전에 어떤 영향을 미쳤는지도 살펴볼 수 있다. 과학은 몇몇 과학자들이 내놓은 혁명적인 이론을 통해 발달한 것이 아니라 오랫동안 많은 과학자들의 연구 결과물이 쌓여 이룩된 것이다. 근대 물리학의 대가로 알려진 뉴턴은 "나는 거인의 어깨 위에서 세상을 본다"고 말했는데 여기서 거인의 어깨란 이제까지 선배 과학자들에 의해 발견된 모든 과학 지식들을 의미한다. 이 책을 읽음으로써 이러한 과학의 본성과 과학자들에 대해 더 잘 알수 있게 되기를 희망한다.

과학을 좋아하고 미래에 과학자가 되기를 꿈꾸는 독자들에게 이 책을 권한다.